国家社科基金项目结项成果（项目编号：16BTQ083）

未来新兴科学研究前沿识别研究

白如江 著

人民出版社

目　录

图 目 录

表 目 录

绪　论

当今世界范围内新一轮科技革命正在风起云涌,信息科技、生物科技、新材料技术、新能源技术等成为新一代产业孕育发展的强大内生动力,为此,世界各国家和地区都在积极强化创新部署,比如欧盟 Horizon 2020 计划、美国国家纳米计划等。只有尽早准确把握未来科学研究前沿,前瞻擘划,才能抢占未来科技制高点。

经过长期努力,我国在一些领域已接近或达到世界先进水平,某些领域正由"跟跑者"向"并行者""领跑者"转变,完全有能力在新的起点上实现更大跨越。习近平同志明确要求广大科技工作者深入研究经济社会发展面临的科技瓶颈问题,一方面,要跟踪全球科技发展方向,选准关系全局和长远发展的战略必争领域、优先方向,努力赶超,力争缩小关键领域差距,形成比较优势;另一方面,要坚持问题导向,重视基础研究,攻克一批关键核心技术,加速赶超甚至引领步伐,通过创新突破我国发展的瓶颈制约。

在此背景下,科技管理和科技信息服务机构支撑智库研判科技发展大势的情报分析能力尤为重要,特别是支持宏观科技决策、支撑重要领域科技创新的全局性、前瞻性、战略性的科技战略情报服务和研究。科技战略情报研究的关键是围绕主要国家的科技战略规划和科技创新项目,综合运用各种情报研究分析方法和信息技术,对其进行深度研究和分析,揭示战略研究对象的出现、潜在发展态势、竞争态势和重大趋势等,满足科技发展大势研判的证据需求。科学研究前沿识别研究正是在此需求背景下,面向科技创新的重要方向,更加注重尽早发现、识别科技创新的新兴主题,并评估其发展趋势,以支撑相关科技决策。

"科学研究前沿"最早是"科学计量学之父"Price 于 1965 年提出的。① 此后,引起了众多学者的浓厚兴趣并围绕其展开了大量研究。② 1973 年 H.Small 提出共被引探测科学研究前沿的方法,用共被引文献聚类代表研究前沿,推动了科学研究前沿探测进一步发展。③ 1994 年,SCI 创始人 E.Garfield 以共被引方法为基础,将共被引聚类的核心论文和引用这些核心论文的最新文献一起定义成研究前沿。④ 中国科学院科技战略咨询研究院冷伏海研究员带领其团队与科睿唯安合作发布的《2016 研究前沿》⑤和《2017 研究前沿》⑥,主要采用该原理从近五年文献共被引聚类分析形成的 9690 个研究前沿中遴选出自然科学和社会科学 10 个大学科领域排名前 100 的热点前沿,并遴选出最近两年发展迅速的 43 个新兴前沿,通过对上述 143 个热点前沿和新兴前沿的进一步分析,形成了可能代表国际基础科学的重大前沿突破以及当今若干重大问题的解决及发展途径的若干研究前沿群,产生了巨大的影响力。O.Persson 通过高被引文献簇关联的施引文献群,即施引文献簇构成了

① Price D.J., "Networks of Science Papers" Science, 1965, 149(3683):510-515.
② 参见钟镇:《从高被引与零被引论文的引文结构差异看 research front 与 research frontier 的区别》,《图书情报工作》2015 年第 8 期;陈世吉:《科学研究前沿探测方法综述》,《现代图书情报技术》2009 年第 9 期。
③ "Small H.Co-citation in the scientific literature:A new measure of the relationship between two documents", Journal of the American Society for Information Science, 1973, 24(4):265-269.
④ Garfield E., "Research fronts", Current Contents, 1994(41):3-7.
⑤ 中国科学院科技战略咨询研究院、中国科学院文献情报中心、科睿唯安:《2016 研究前沿及分析解读》,科学出版社 2017 年版。
⑥ 中国科学院科技战略咨询研究院、中国科学院文献情报中心、科睿唯安:《2017 研究前沿及分析解读》,科学出版社 2018 年版。

研究前沿,而将被引的文献称作研究前沿的知识基础。① 在此基础上,2003 年,S.Morris 提出文献耦合聚类代表研究前沿,并采用创新性的时间线方法来分析和展现研究前沿。② 为了改进共被引方法的时滞性问题,2004 年 Garfield 最早基于直接引用网络生成了一个知识领域的历史演化图谱③,并引起了有关学者的强烈关注。2010 年 Klavans 和 Boyack 比较了直接引用网络和共被引网络的聚类效果,认为直接引用网络可以更直接、更早的揭示研究领域的结构特点和发展趋势。④ 2011 年马海群等利用文献计量学的方法从被引情况等方面分析了《情报科学》期刊 10 年的刊文数据,并指出了相关研究热点和前沿。⑤

随着计算机学科领域自然语言处理技术的发展,深入挖掘文本内容探测科学研究前沿成为可能。2002 年,Kleinberg 提出考虑词频变化密度的突发词监测算法⑥,这项成果促进了文献计量学和数据挖掘方法的结合,随后大量相关研究成果不断涌现。2006 年,陈超美等人结合突发词监测和共被引方法,提出主题词和共被引论文簇构成的异构

① Persson O., "The intellectual base and research fronts of JASIS 1986–1990", *Journal of the American Society for Information Science*, 1994, 45(1): 31–38.

② Morris S., Yen G., Wu Zheng, et al., "Timeline visualization of research fronts", *Journal of American Society for Information Science and Technology*, 2003, 54(5): 413–422.

③ Garfield E., "Historiographic Mapping of Knowledge Domains Literature", *Journal of Information Science*. 2004, Vol.30(NO.2): 119–145.

④ K.W.Boyack, R.Klavans, "Co-citation analysis, bibliographic coupling, and direct citation: Which citation approach represents the research front most accurately?" *Journal of the American Society for Information Science and Technology*, 61(12)(2010), pp.2389–2404.

⑤ 马海群、吕红:《2000—2009 年〈情报科学〉文献计量学分析与研究》,《情报科学》2011 年第 6 期。

⑥ J. Kleinberg, "Bursty and Hierarchical Structure in Streams", Proc. 8th ACM SIGKDD Intl.Conf.on *Knowledge Discovery and Data Mining*, 2002.

网络探测研究前沿的方法。① 此外,利用不同词语之间的共现关系网络探测研究前沿也是目前比较常见的方法。② 由于简单的利用词频统计分析无法有效地揭示出科学研究主题,2003 年 D.M.Blei 等提出了 LDA 模型,该模型可以通过统计概率方法将文本中蕴含的主题挖掘出来。③ 但是,LDA 模型不能解释研究主题演化情况,2006 年,D.M.Blei 等又提出了动态主题模型,实现动态科学研究主题的探测与追踪。④ 目前众多学者利用相关方法进行科学研究前沿识别的应用研究,例如:2013 年叶春蕾等运用 LDA 模型对碳纳米管领域进行了前沿主题识别。⑤ 2014 年李广建等又辨析了在大数据时代如何进行科学研究前沿探测的方法。⑥

从研究前沿识别分析数据源来看,绝大多数科学研究前沿探测都是利用已发表论文数据,因此不管探测方法上如何改进,由于它们依赖的数据文本均是"过去时",其识别出的科学研究前沿的"前瞻价值"一直备受质疑。

从研究前沿识别方法上来看,利用引文分析方法进行科学研究前沿识别,会存在时滞的问题,因为论文从发表到有引文数据产生本身就存在时滞性,所以在前沿探测的时效性上大打折扣;而利用突发词监测

① Chen C.,"CiteSpace Ⅱ:Detecting and Visualizing Emerging Trends and Transient Patterns in Scientific Literature", *Journal of the American Society for Information Science and Technology*,2006,57(3):359-377.
② 张龙辉:《大数据时代的专利分析》,《信息系统工程》2014 年第 2 期。
③ Blei D.M.,Ng A.Y.,Jordan M.I.,"Latent dirichlet allocation", *Journal of Machine Learning Research*,2003(3):993-1022.
④ Blei D. M., Lafferty J., " Dynamic topic models ", *Proceedings of the 23rd International Conference on Machine Learning*,New York:ACM,2006:113-120.
⑤ 叶春蕾、冷伏海:《基于概率模型的主题识别方法实证研究》,《情报科学》2013 年第 2 期。
⑥ 李广建、化柏林:《大数据分析与情报分析关系辨析》,《中国图书馆学报》2014 年第 5 期。

或主题模型等自然语言处理方法进行识别,这些方法主要是基于词项粒度本身进行统计分析,缺乏对词项背后隐含的语义角色信息挖掘,因而无法在更细主题粒度上(如研究目的或研究方法主题)对新兴科学研究前沿主题进行识别。

随着信息技术的发展,自然语言处理(Natural Language Processing,NLP)技术逐渐应用到研究前沿分析中,从词频分析到共词分析,再到最近逐渐兴起的主题演化分析,使得研究前沿主题演化分析可以深入到文本内容,注重在时间维度上对前沿主题的新生、成长、分化、合并等宏观与微观的演化规律进行研究,能够在一定程度上改进引文分析方法的不足。

本书旨在综合运用科技战略情报分析、文本数据挖掘、可视化分析等多种前沿方法,深度挖掘分析规划文本数据、基金项目数据、论文数据等多种数据源,构建一套未来新兴研究前沿识别模型,以期能够在细主题粒度下前瞻的揭示出前沿领域的竞争态势和重大趋势,进而研究探索相关实证场景,为宏观科技战略决策制定进行态势分析提供有力数据证据支持。

相对于已有研究,本书认为"科学研究前沿"应该包含三部分内容,一部分是引起世界科学家高度关注的对未解的科学问题所做的种种探索以及其取得的重大突破或一定进步,这部分内容多数包含在已经发表的论文数据中;另一部分是面对未解决的问题,近期正在进行的,具有明确研究目标和方法路径的科学前沿探索,该部分内容包含在各类基金项目中;再有一部分前瞻若干年的科学研究前沿方向,这部分内容多数包含在科技规划中。在前瞻性价值上,本书认为科技规划的前瞻性大于基金项目,基金项目的前瞻性大于论文数据。因此,本书提出综合利用科技规划、基金项目和论文作为研究对象探测科学研究前沿,为这一领域研究提供一种崭新的思路。此外,本书将自然语言处理领域的文本主题识别技术和文本相似度技术综合运用到研究前沿主题识别中,并利用 Sanky Digram 可视化展示出研究前沿主题的演化发展趋势。

本书的研究能够为我国在前瞻布局重大科研方向,引领世界科技创新政策制定进行大势研判时提供决策数据证据支持,在科技前沿动态监测和科研战略决策领域拥有广阔的应用空间,在科研人员选题方面也有积极的参考意义。

本书的研究目标在于以规划文本数据、基金项目数据和论文数据作为数据源,综合运用自然语言处理技术、文本主题识别技术、复杂网络分析技术、可视化分析技术等,识别出隐含在不同文本中的研究前沿主题,通过主题相似度计算和未来新兴研究前沿判别模型识别出热点研究主题、未来新兴研究主题、潜在热点研究主题等不同类型的科学研究前沿主题及其未来发展演化趋势,利用 Sanky Digram 可视化方法对科学研究前沿演化进行可视化分析。

根据本书的研究目标,从以下几个方面重点展开研究,主要研究思路与研究内容如图 0.1 所示:

第一,科学研究前沿识别相关方法与工具进展研究。全面梳理目前科学研究前沿识别的理论基础和方法,包括:定义、形成原因和机理、理论模型和方法等,揭示其最新研究进展和未来发展趋势。绘制国内外研究前沿识别研究的科学知识图谱,分析研究前沿识别的知识基础、研究主体及其之间的合作关系、研究热点和前沿等。调研目前科学研究前沿识别研究中运用到的主要工具,并分析其主要特点和应用领域。

第二,基于 LDA 模型的主题识别与关联构建研究。为了有效识别蕴含在规划文本、基金项目、论文数据中的研究主题为后续研究前沿识别奠定基础,本书提出基于 LDA 模型的主题识别与关联构建分析方法,结合可视化技术和网络结构属性分析方法对识别出的研究主题进行关联构建,以提高研究前沿主题识别的准确性和有效性。

第三,基于主题演化可视化的研究前沿主题识别与演化规律研究。

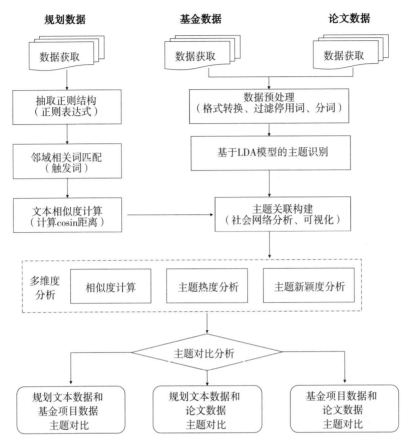

图 0.1　未来新兴科学研究前沿识别研究思路

为了探测分析多种数据源中蕴含的研究前沿主题及其发展趋势,改进目前主题演化可视化分析方法存在的不足,研究设计一种基于主题强度、结构和内容(内部基本知识单元)多维的主题演化分析模型,并利用 Javascript 语言的 web 前端可视化技术分别研究设计与之相契合的创新性可视化图谱以实现该模型,以帮助判定研究前沿主题并分析其发展演化趋势。

　　第四,基于多种数据源研究前沿主题对比的未来新兴研究前沿识别研究。利用前期识别出的不同数据源中蕴含的研究前沿主题,通过文本相似度主题对比,挖掘出不同数据源之间研究前沿主题的异同,通过两两对比不同时期、不同数据源的研究前沿主题,根据论文主题的引文频率、主题强度,基金项目主题的资助强度、主题新颖度等多种因素综合判断发现未来新兴科学研究前沿主题。

本书的创新之处主要包括五个方面:第一,提出了基于科技规划、基金项目和论文数据多种数据源的科学研究前沿识别方法,与单纯基于论文数据分析方法相比,能够克服论文数据"过去式"的缺点,更加前瞻、全面地识别出具有未来发展潜力的科学研究前沿主题。第二,基于文本主题强度、基金资助强度、论文影响力、新颖度等指标,提出了不同类型的科学研究前沿识别模型,识别出热点前沿、新兴前沿、潜在前沿等不同细分类型的前沿主题,能够更加准确地刻画出未来新兴研究前沿。第三,提出了一种基于 Elbow 的文本主题困惑度计算模型,使得研究前沿主题数量识别更加科学合理。第四,提出了一种基于 LDA 模型的主题识别与关联构建方法。利用 LDA 模型对多种数据源进行文本主题识别,与传统主题识别方法相比,可以提高主题识别的准确性和有效性,并且尝试了对主题识别结果进行关联构建可视化,有助于提升主题识别结果的可解读性。第五,设计了一种基于主题强度、结构和内容(内部基本知识单元)多维的主题演化可视化模型,并利用 Javascript 语言的 web 前端 Sanky Digram 可视化技术分别研究设计了与之相契合的创新性可视化图谱以实现该模型,以帮助判定研究前沿主题并分析其发展演化趋势。

主要章节安排如下:

绪论。主要论述未来新兴研究前沿识别的研究背景和研究意义,提出本书的研究目标,对本书的主要研究内容以及本书的主要创新之处进行概述。

第一章研究前沿识别理论、方法与工具。整理分析研究前沿相关概念、数据源、识别方法、可视化软件和面临的挑战及其发展趋势,重点分析了基于引文和基于文本内容的研究前沿识别方法,然后综述了近年来影响力比较大的可视化分析方法及其对应的可视化软件工具CiteSpace、UciNet、Gephi、SPSS、SciMAT、VOSviewer、HistCite、NEViewer等,并对 CiteSpace、UciNet、Gephi、HistCite 等四种可视化工具进行详细介绍,并基于图谱类型对研究前沿识别研究过程中使用的可视化软件进行了比较分析。最后,对研究前沿识别研究面临的挑战和发展趋势进行了分析。通过本章的论述,有助于对研究前沿识别方法与工具的最新研究进展进行了解与掌握。

第二章基于规划文本的研究前沿主题识别。以碳纳米管领域美国国家纳米计划(NNI)规划文本近 10 年(2008—2017)数据为数据源,利用正则表达式从规划文本中抽取出碳纳米管领域规划发展目标和时间戳数据,经过去重、相同主题归并等处理后,利用 LDA 文本主题识别模型识别出蕴含在规划文本中的科学研究前沿主题,最后,利用文本相似度计算和 Sankey Diagram 可视化方法对其研究前沿主题进行了发展演化分析。

第三章基于基金项目数据的研究前沿主题识别。本章以美国 NSF资助的碳纳米管领域基金项目近 10 年(2008—2017)数据为数据源,经过词干提取、停用词过滤等预处理后,生成 BOW 词袋模型,经过Elbow 主题困惑度计算后,得到最优主题数量,然后采用 LDA 模型识别出整体数据集和不同年份切片数据集合的研究主题,根据项目资助强度、LDA 主题强度、资助时长等指标构建基于基金项目数据的热点研究前沿、新兴研究前沿等不同类型研究前沿识别模型,利用 Cosin 文本相似度计算模型计算不同时期主题间的演化关系,采用 SankeyDiagram 可视化技术展示其主题演化规律,揭示未来发展趋势。

第四章基于论文数据的研究前沿主题识别。本章以 WOS 数据库中近 10 年碳纳米管研究论文为数据源,首先对论文数据进行时间切片,利用 LDA 主题模型识别出不同时间段内的研究主题,根据 LDA 主题强度、论文被引次数等指标构建基于论文数据的热点研究前沿、新兴研究前沿等不同类型研究前沿识别模型,利用余弦文本相似度计算模型计算不同时期主题间的演化关系,采用 Sankey Diagram 可视化技术展示其主题演化规律,揭示未来发展趋势。

第五章基于规划文本和基金项目数据主题对比的研究前沿识别研究。本章将利用前面第二章和第三章识别出的规划文本和基金项目数据的研究前沿主题,通过文本相似度计算对两种不同数据源的研究前沿主题进行对比分析,发现不同数据源中蕴含的研究前沿主题的异同,进而揭示出当前热点研究前沿以及未来新兴研究前沿主题。

第六章基于规划文本和论文数据主题对比的研究前沿识别研究。本章将利用前面第二章和第四章识别出的规划文本和论文数据的研究前沿主题,通过文本相似度计算对两种不同数据源的研究前沿主题进行对比分析,发现不同数据源中蕴含的研究前沿主题的异同,进而揭示出当前热点研究前沿以及未来新兴研究前沿主题。

第七章基于基金项目数据和论文数据主题对比的研究前沿识别研究。本章分别以 2008—2017 年 NSF 基金项目数据和 WOS 论文美国数据做了宏观对比和微观对比。通过计算主题相似度,判别各主题在不同数据源中的存在情况。同时,结合不同主题在 NSF 基金中受资助强度的高低,将主题划分为热点研究前沿主题、新兴研究前沿主题、消亡研究前沿主题、一般研究前沿主题和未来潜在研究前沿主题五类,以此探究碳纳米管领域研究现状及未来趋势。

第八章总结与展望。总结本书的主要工作和未来的研究计划。

第 一 章
研究前沿识别理论、方法与工具

第一节 研究前沿相关概念

目前情报学和信息科学领域存在众多和科学研究前沿相似和相关的概念,通过调研相关中外文献,在中文文献中主要提及的概念有:研究前沿、科学前沿、科技前沿、前沿技术、新兴趋势、新兴研究领域、突现领域、潜在研究前沿、潜在科技前沿、隐性知识等。在外文文献中提及的表达有:Research Frontier、Research Front、Potential Technological Fronts、Emerging Trend、Emerging Research Area、Latent Knowledge 等。

从字面上可以将"研究前沿"理解为科学研究的前沿领域,因而有关学者认为研究前沿代表科学研究中最先进、最新、最有发展潜力的研究主题或研究领域[1];或者代表特定时期内的一组研究选题,这些选题被认为具有重要的学术价值,但相关研究却尚未完全展开,有待进一步挖掘,而在未来时段,具有学术价值的"前沿选题"则有"较大的概率"转化为新时段的"热点选题"[2]。

在图书情报研究领域,研究前沿(Research Front)这一概念具有明

---

[1] 钟镇:《从高被引与零被引论文的引文结构差异看 Research Front 与 Research Frontier 的区别》,《图书情报工作》2015 年第 8 期。

[2] 陈世吉:《科学研究前沿探测方法综述》,《现代图书情报技术》2009 年第 9 期。

显的学科属性,即通过图书情报领域相关专业术语来定义研究前沿这一概念。其中,对国内外图情领域产生重大影响的研究前沿概念及其发展情况如图1.1所示。

- 2006陈超美,突发或热点主题+同被引论文簇
- 2003 Morris,文献耦合聚类
- 2002 Kleinberg,突破监测算法+词频变化密度
- 1994 Garfield,同被引聚类的核心论文+引用这些核心论文的新论文
- 1994 Persson,高同被引文献的施引文献群+被引文献称作的知识基础
- 1973 Small,同被引文献的聚类
- 1965年Price,近期发表、被学者们经常引用的文献集

| 1960 | 1970 | 1980 | 1990 | 2000 | 2010 | t(年) |

图1.1 研究前沿相关概念的发展时间线

这些相关概念中,最早出现的是"Research Front"(研究前沿),Research Front 的概念("科学引文网络中经常被引用且近期发表的文献集所代表的研究领域称为研究前沿")最早是1965年"科学计量学之父"Price 在《science》杂志上提出的,引起众多学者开始关注科学研究前沿①;1973年,H.Small 基于 Price 提出的概念将同被引文献聚类定义为研究前沿,推动了科学研究前沿研究进一步发展②。

20世纪90年代以来,科学研究前沿的相关概念不断涌现:1994年,O.Persson 将研究前沿定义为与高同被引文献簇关联的施引文献群,即施引文献构成了研究前沿,而将被引的文献称作研究前沿的知识基础。③ 同年,SCI 创始人 E.Garfield 定义了更大的研究前沿范围,将同被引聚类的核心论文和引用这些核心论文的最新文献一起定义成

---

① Price D.J.,"Networks of Science Papers"*Science*,1965,149(3683):510-515.
② "Small H.Co-citation in the scientific literature:A new measure of the relationship between two documents", *Journal of the American Society for Information Science*, 1973,24(4):265-269.
③ Persson O.,"The intellectual base and research fronts of JASIS 1986-1990", *Journal of the American Society for Information Science*,1994,45(1):31-38.

研究前沿。① 2003 年，S. Morris 将研究前沿定义为引用一组固定和时间不变基础文献的文献集，由文献耦合数据聚类得到，并采用创新性的时间线方法来分析和展现研究前沿。② 2006 年，陈超美把研究前沿定义为一组突现的动态概念和潜在的研究问题。③

一般来说，研究前沿识别以期刊论文、专利数据等科技文献为数据源，综合运用科学计量、数据挖掘、社会网络分析等技术方法，对科技文献进行量化统计、内容分析，揭示知识的新生、成长、分裂、融合和消亡等过程，进而发现隐含在科技文献中的研究趋势，为科技创新提供情报信息。科技文献作为科技创新知识主要载体，记录了科学技术不断更新换代、向前发展演化的具体过程。随着科技文献的爆发式增长，及时、深入的掌握学科领域的研究前沿与热点变得愈发困难，如何运用情报分析方法与自然语言处理技术从大量科技文献中准确、高效地识别出科学研究前沿，为科技创新提供支持和帮助是一个重要的研究方向。

目前"研究前沿"的概念还没有一个具有广泛共识性的统一定义，随着识别方法的不同以及采用分析数据源对象的不同而不同，主要是狭义上的定义，广义上的科学研究前沿定义有待进一步深入研究。不同科技文献中蕴含的科学研究前沿类别不同，根据时间的不同，可以分为未来、新兴、当前科学研究前沿等，因此有必要进一步研究明确对应关系；此外，科学研究前沿识别聚焦于论文引文和关键词等判定因素，然而影响科学研究前沿识别的因素应该涵盖科学研究的全生命周期，

① Garfield E. , "Historiographic Mapping of Knowledge Domains Literature" , *Journal of Information Science*.2004, Vol.30(NO.2) :119-145.

② Morris S. , Yen G. , Wu Zheng, et al. , "Timeline visualization of research fronts" , *Journal of American Society for Information Science and Technology*, 2003, 54(5) : 413-422.

③ Chen C. , "CiteSpace II: Detecting and Visualizing Emerging Trends and Transient Patterns in Scientific Literature" , *Journal of the American Society for Information Science and Technology*, 2006, 57(3) :359-377.

如各国科技规划时间、基金项目布局主题、专利技术功效主题词、专利引文等因素,需要客观、科学的模型,系统描述整合影响科学研究前沿识别的因素,因此,有必要进一步研究明确相关影响因素,并构建有效的模型提高科学研究前沿识别结果的准确性和前瞻性。

第二节 研究前沿识别数据源

目前研究前沿识别的数据源主要包括科技规划、基金项目和论文等科技文献,从科学生命周期视角来看,三种科技文献中蕴含的研究前沿既有联系又有区别,相互关系如图 1.2 所示。本书认为科技规划数据蕴含着前瞻性的未来研究前沿,基金项目数据中蕴含着正在布局的新兴研究前沿,论文数据中蕴含着当前的热点研究前沿,其中论文数据是目前研究前沿识别相关研究中使用最为广泛的数据,一方面是由于论文数据中蕴含的研究前沿对于科技创新的促进更为直接,另一方面是由于目前国内外建设了众多高质量的论文期刊数据库,数据相对容易获取。

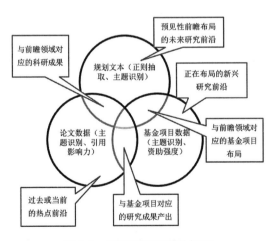

图 1.2 研究前沿识别数据源

（1）科技规划数据主要由各国政府部门及相关学科协会组织发布，内容丰富，蕴含着大量科研计划，主要涉及关系国家发展大势、国际研究前沿热点和科技瓶颈等内容，对于国家的未来发展起着重要的引领作用。其中，美国、欧盟和日本等科技强国的规划文本是研究者关注的重点，比如：欧盟"FP7框架计划""地平线计划"公布的科技规划数据。

（2）基金项目数据也是一种重要的研究前沿识别数据源，其中，国家资助的基金项目数据具有重要的科学研究前沿判断价值，从科研发展过程来看，一部分高质量的期刊论文来源于基金项目的资助，这部分论文往往代表着学科发展过程中的研究前沿、热点，能在一定程度上引领学科发展。资助这些论文的基金项目从时间上看比论文数据更加前沿一步，也就是说从中识别出的研究前沿在一定程度上讲相较于通过论文识别出的研究前沿更加具有前瞻性。相关数据可以从美国国家科学基金会（National Science Foundation，NSF）、中国国家科学基金委员会和欧洲科学基金会（European Science Foundation，ESF）等官方站上获取。

（3）论文数据是科研成果发表的主要载体，目前随着数字资源的发展，世界绝大多数的论文都已经数字化形成数据库产品。论文数据库可以分为全文数据库和引文索引数据库，国内全文数据库主要有维普、万方、CNKI、超星期刊等，国外主要有Springer Link、Engineering Village、EBSCO、Emerald、ProQuest、IEEE/IEE、Science Direct等，具备较强的学术权威性，提供期刊论文的全文、索引和文摘等信息下载，学科覆盖面广，专业性强。国内引文索引数据库有中国社会科学引文数据库（CSSCI）、中国科技论文与引文数据库（CSTPCD）、中国科学引文数据库（CSCD），国外主要有工程索引（EI）、科学引文索引（SCI）等。

第三节　研究前沿识别主要理论与方法

目前研究前沿识别方法主要可以分为基于引文分析、突发词检测、主题识别和主题演化分析等方法。

一、基于引文分析的识别方法

引文分析方法是指利用数理统计方法对论文中的引文信息进行统计分析,从而揭示隐含在其中的科学发展脉络的方法。一般来说主要通过各种引文数据库(比如科学引文索引 SCI 数据库等)检索下载引文数据,然后科学计量相关理论和方法进行处理分析。从引文分析内容来看,可以分为引文频次分析和引文网络分析。

具体来看,目前常用引文分析识别研究前沿的方法有三种类型:同被引(Co-citation)、文献耦合(Bibliographic Coupling)和直接引用(Direct Citation)分析。[①] 1973 年 H.Small 提出同被引识别科学研究前沿的方法,即用同被引文献聚类代表研究前沿。[②] 1994 年,Persson 提出利用文献耦合分析基于同被引分析识别出的知识基础来确定研究前

---

① 白如江、冷伏海、廖君华:《科学研究前沿探测主要方法比较与发展趋势研究》,《情报理论与实践》2017 年第 5 期;冯佳、张云秋:《科学前沿探测方法述评》,《图书馆杂志》2017 年第 5 期;方胜华、刘柏嵩:《2009 年以来国外引文分析研究进展》,《大学图书馆学报》2012 年第 1 期;宫雪、崔雷:《利用不同类型引文探测研究前沿及比较研究》,《中华医学图书情报杂志》2010 年第 4 期;王立学、冷伏海:《简论研究前沿及其文献计量识别方法》,《情报理论与实践》2010 年第 3 期;梁永霞、刘则渊、杨中楷、王贤文:《引文分析领域前沿与演化知识图谱》,《科学学研究》2009 年第 4 期;侯海燕、刘则渊、栾春娟:《基于知识图谱的国际科学计量学研究前沿计量分析》,《科研管理》2009 年第 1 期。

② "Small H.Co-citation in the scientific literature:A new measure of the relationship between two documents", *Journal of the American Society for Information Science*, 1973,24(4):265-269.

沿的方法①;在此基础上,2003 年,S.Morris 采用创新性的时间线方法来分析和展现研究前沿。为了改进同被引方法的时滞性问题②,2004年 E.Garfield 最早基于直接引用网络生成了一个知识领域的历史演化图谱。③

引文分析识别方法目前具有广泛的应用,能够处理大范围的科学结构及演变问题,可以揭示研究领域的发展脉络,美中不足的是由于已发表的学术论文是研究成果的"过去时",蕴含的一些较成熟、活跃的研究领域,通常已经到了研究的爆发发展阶段,其识别的科学研究前沿存在滞后性,因而其"前瞻价值"一直受到质疑。科学研究前沿识别是一个复杂、系统的过程,应涵盖整个科学研究生命周期,以某一种数据源来识别具有一定的局限性。虽然学术论文是科研产出的主要形式之一,但并不足以代表所有科学研究前沿信息。在其他数据源中,诸如各国各部门的科技规划、资助的项目申请书、专利文件等,也蕴含着大量科学研究前沿信息,从某种程度上讲,这些数据更能及时有效反映科学研究前沿。

二、基于关键词分析的识别方法

随着科学计量学的发展,深入文本内容运用词频、共词分析方法识别研究前沿成为可能。相较于引文分析方法,该方法能够处理论文、专利等多种数据源,具有较强的适应性。基于关键词分析的方法主要有词频分析(word frequency analysis)、共词分析(co-word analysis)和共词

---

① Persson O., "The intellectual base and research fronts of JASIS 1986–1990", *Journal of the American Society for Information Science*, 1994, 45(1): 31–38.

② Morris S., Yen G., Wu Zheng, et al., "Timeline visualization of research fronts", *Journal of American Society for Information Science and Technology*, 2003, 54(5): 413–422.

③ Garfield E., "Historiographic Mapping of Knowledge Domains Literature", *Journal of Information Science*. 2004, Vol.30(NO.2): 119–145.

网络分析(co-word network analysis)①等方法。

　　1997 年美国海军研究所(ONR)的 Kostoff 博士提出基于全文本自动抽取词汇的共词分析——数据库内容结构分析技术(Database Tomography,简称 DT),并用来发现具有核心竞争力的关键技术。② 共词分析方法由于作者取词习惯、关键词不规范、表征内容不完整和缺乏语义联系等原因造成识别结果的不稳定和不准确。③ 2002 年,Kleinberg 提出了考虑词频变化密度的突破监测算法,识别文献集中代表研究前沿的词汇。④ 2003 年,A.Kontostathis 提出基于文本挖掘的自动探测方法 ETD(Emerging Trend Detection),该方法首先将主题用一组时间特性关联的特征表示,然后根据这些特征用文本挖掘技术进行主题抽取,随着时间推移用一定的评价标准来验证主题、对主题进行分类并判断趋势。⑤ 这两项成果促进了科学计量学和数据挖掘方法的融合。随后,大量相关研究出现,比如,2006 年,陈超美提出研究前沿词汇(主题词)

① 周文杰、张彤彤、高冲:《共词分析预测研究前沿的表面效度研究:基于自然语言处理》,《高校图书馆工作》2018 年第 2 期;刘小平、李泽霞:《基于共词分析的量息学前沿热点分析》,《科学观察》2014 年第 5 期;许晓阳、郑彦宁、赵筱媛、刘志辉:《研究前沿识别方法的研究进展》,《情报理论与实践》2014 年第 6 期;郝伟霞、滕立、陈悦等:《基于共词分析的中国能源材料领域主题研究》,《情报杂志》2011 年第 6 期。

② Kostoff,R.N.Eberhart,H.J.Toothman,D.R.& Pellenbarg,R.,"Database Tomography for technical intelligence:Comparative roadmaps of the research impact assessment literature and the Journal of the American Chemical Society",*Scientiometrics*,1997,40(1):103–138.

③ Kostoff,R.N.Eberhart,H.J.Toothman,D.R.& Pellenbarg,R.,"Database Tomography for technical intelligence:Comparative roadmaps of the research impact assessment literature and the Journal of the American Chemical Society",*Scientiometrics*,1997,40(1):103–138.

④ J. Kleinberg,"Bursty and Hierarchical Structure in Streams",Proc. 8th ACM SIGKDD Intl.Conf.on *Knowledge Discovery and Data Mining*,2002.

⑤ Kontostathis A.,Galitsky L.M.,Potter Nger W.M.,et al.*A survey of emerging trend in textual data mining*,Survey of text Mining:Clustering,Classification,and Retrieval,New York:Springer Verlag,2004:185–224.

和知识基础(同被引论文簇)构成的异构网络(Heterogeneous Network)识别研究前沿的方法。①

虽然词频和共词分析方法在一定程度上能够改善引文时滞性问题,适应性也较好,但是选取的关键词缺乏语义关系,不能很好地深入揭示研究主题的微观发展动态,因此相关学者对此进行了改进研究,提出了基于主题模型的识别方法。

三、基于主题模型的识别方法

主题模型是目前数据挖掘领域主要文本分析工具之一,使用十分广泛。最早提出是 D.M.Blei 等在 2003 年提出的 LDA 模型,用于发现文本中的主题。② LDA 主题模型可以基于统计概率层面表达词间语义层次关系,但是不能解释主题演化情况。为了弥补其不足,2006 年,D.M.Blei 等又提出了动态主题模型,让动态 LDA 模型可以处理具有时间戳记的文档数据集,实现动态主题的识别与追踪。③

除了 LDA 模型之外,许多学者提出了其他主题模型方法,如:2013 年程齐凯、王晓光基于共词网络社区,利用 Z-value 算法和社区相似度算法,构建了科研主题演化模型,并试图通过分析网络视角下词间关系的变化来发现研究前沿。④

由于基于概率的主题模型不仅使用多个主题词描述同一主题,而

①　Chen C.,"CiteSpace II:Detecting and Visualizing Emerging Trends and Transient Patterns in Scientific Literature",*Journal of the American Society for Information Science and Technology*,2006,57(3):359-377.

②　Blei D.M.,Ng A.Y.,Jordan M.I.,"Latent dirichlet allocation",*Journal of Machine Learning Research*,2003(3):993-1022.

③　Blei D.M.,Lafferty J.,"Dynamic topic models",*Proceedings of the 23rd International Conference on Machine Learning*,New York:ACM,2006:113-120.

④　Kontostathis A.,Galitsky L.M.,Potter Nger W.M.,et al.*A survey of emerging trend in textual data mining*,Survey of text Mining:Clustering,Classification,and Retrieval,New York:Springer Verlag,2004:185-224.

且给出了每个主题词对这一主题的贡献度。此外，还可以通过调整阈值的设置改变主题词的个数。因此基于概率的主题模型在科学研究前沿探测中受到广泛青睐，目前利用主题模型进行科学研究前沿识别已经成为一种普遍方法。

朱茂然利用 LDA 主题模型分析了情报学领域的相关前沿。① 尹惠芳利用主题模型识别了石墨烯领域的技术前沿。② 不同学者从不同应用领域采用主题模型进行了研究前沿的识别工作。③

四、基于主题演化的分析方法

主题演化分析的主要目的是了解研究前沿发展现状以及未来发展演化趋势等情况。目前国内外学者主要利用科学计量与自然语言处理方法统计科技文献的引文和关键词特征，以进行主题演化分析。基于

---

① 朱茂然、王奕磊、高松、王洪伟、张晓鹏：《基于 LDA 模型的主题演化分析：以情报学文献为例》，《工业大学学报》2018 年第 7 期。

② 伊惠芳、吴红、马永新、冀方燕：《基于 LDA 和战略坐标的专利技术主题分析——以石墨烯领域为例》，《情报杂志》2018 年第 5 期。

③ 王丽、邹丽雪、刘细文：《基于 LDA 主题模型的文献关联分析及可视化研究》，《数据分析与知识发现》2018 年第 3 期；王婷婷、韩满、王宇：《LDA 模型的优化及其主题数量选择研究——以科技文献为例》，《数据分析与知识发现》2018 年第 1 期；邓淑卿、徐健：《我国情报学研究主题内容分析》，《情报科学》2017 年第 11 期；王效岳、刘自强、白如江、徐路路、陈军营：《基于基金项目数据的研究前沿主题探测方法》，《图书情报工作》2017 年第 13 期；Huang，Chao；Wang，Qing；Yang，Donghui；Xu，Feifei，"Topic mining of tourist attractions based on a seasonal context aware LDA model"，*Intelligent Data Analysis*. 2018，Vol. 22（No. 2）：383-405；Yang Liu and Songhua Xu，"A local context-aware LDA model for topic modeling in a document network"，*Journal of the Association for Information Science and Technology*，2017，Vol. 68（No. 6）：1429-1448；Miha Pavlinek；Vili Podgorelec，"Text classification method based on self-training and LDA topic models"，*Expert Systems with Application*，2017：83-93；Xiang Qi；Yu Huang；Ziyan Chen；Xiaoyan Liu；Jing Tian；Tinglei Huang；Hongqi Wang，"Burst-LDA：A new topic model for detecting bursty topics from stream text"，*Journal of Electronics*（*China*），2014，Vol. 31（No. 6）：565-575.

关键词的主题演化分析方法具有较强的适应性,并且论文的关键词是研究内容的凝练,通过统计关键词词频及其共现关系可以反映研究领域的动态和静态结构及其发展趋势,因此众多研究者更倾向于使用关键词进行学科主题演化分析,形成了众多研究成果。

2004 年,Ketan Mane 基于 Kleinberg 突破检测算法选择高频词来做共词分析,绘制知识图谱,分析研究前沿主题的演化趋势。① 2006年,马费成等基于词频分析方法梳理了国内外知识管理研究领域的研究热点、研究现状、研究方法和主要学科分布等。② 2010 年,Albert 运用共词分析方法,调查分析了北美地区远程教育的主题现状及其变化趋势。③ 2011 年,邱均平等运用文献计量方法,从高影响力作者、高频关键词以及突变专业术语三个方面,对国际范围内图书情报学领域的研究热点和前沿进行辨识和追踪,其中研究热点分析主要运用高频关键词和高中心性关键词分析。④ 刘晓波在 2012 年运用关键词共词网络分析方法对 2006—2010 年图书馆学研究主题进行可视化分析,总结了图书馆学研究热点,并对发展趋势进行了预测。⑤ 2013 年,白如江等的研究也验证了共词网络中的社区演化能够一定程度上揭示学科主题演化过程。⑥

① MANE K.K.,BORNER K.,"Mapping topics and topic bursts in PNAS",*Proceedings of the National Academy of Sciences of the United States of America*, 2004,101(Suppl 1):5287-5290.

② 马费成、张勤:《国内外知识管理研究热点——基于词频的统计分析》,《情报学报》2006 年第 2 期。

③ Ritzhaupt A.D.,"An investigation of distance education in North American research literature using co-word analysis",*International Review of Research in Open & Distance Learning*,2010,11(1):37-60.

④ 邱均平、温芳芳:《近五年来图书情报学研究热点与前沿的可视化分析——基于 13 种高影响力外文源刊的计量研究》,《中国图书馆学报》2011 年第 2 期。

⑤ 刘晓波:《我国图书馆学研究热点及趋势——基于关键词共现和词频统计的可视化研究》,《图书情报工作》2012 年第 7 期。

⑥ 白如江、冷伏海:《k-clique 社区知识创新演化方法研究》,《图书情报工作》2013年第 17 期。

目前,主题演化分析方法主要的局限性是仅以单一或若干关键词来表示研究主题,这样对主题的描述是不充分的。而且仅依靠经验和关键词数量的变化趋势分析预测主题演化情况也是不充分的,会降低影响主题演化分析的准确性和针对性。

第四节　研究前沿识别可视化方法与工具

一、可视化分析方法

研究前沿识别发展到现在已经有半个多世纪的历史,研究人员对某一研究领域或某一学科的研究前沿识别不再只是停留在文本、数据层面的处理分析上,而是逐渐进入可视化层面,通过可视化技术将某学科领域的研究现状、研究热点、研究前沿和发展趋势形象直观地展现出来。可视化分析可以在主题识别的基础上展现主题之间的关系,从而帮助人们更准确地把握信息的脉搏。可视化分析有助于增强用户的洞察力和认知,帮助其快速找到某学科领域的研究前沿和发展趋势等有用信息,并快速消化、理解信息,有效地分析海量信息。

随着计算机技术的快速发展,信息可视化技术逐渐成熟,2003 年,美国国家科学院提出科学知识图谱的概念①,随后引起众多专家学者的重视,并产生了大量研究成果。特别是在学科主题演化分析研究领域,提出众多可视化分析方法,并以之为基础,研究开发了相应的科学知识图谱绘制工具,促进了学科主题演化分析研究广泛开展,具有重要的理论与实践意义。因此,利用可视化技术构建学科知识图谱进行研究前沿识别成为比较新颖的研究思路。

---

① 陈悦、刘泽渊:《科学知识图谱的发展历程》,《科学学研究》2008 年第 3 期。

在科学计量和情报分析领域,利用可视化方法进行研究前沿分析的有:2003 年,S.Morris 基于文献耦合聚类方法识别研究前沿主题,并采用创新性的时间线图谱方法来分析和展现研究前沿主题的演化情况,如图 1.3 中的 a 所示。[①] 2004 年,Garfield 基于直接引用网络分析,研究设计了可视化图谱,可用来分析某一个知识领域主要研究主题的历史演化过程,如图 1.3 中的 b 所示。

2004 年,陈超美提出了一种创新性的分析某知识领域演进情况的可视化分析方法,并基于 java 语言研究开发了知识图谱绘制软件CiteSpace Ⅰ,具有时序分割、同被引聚类、寻径网络、时序网络可视化分析等功能[②];2006 年,陈超美针对前期研究中的不足,继而研究开发了CiteSpace Ⅱ,并对其基本原理进行了细致阐释,新增了 N-Gram 术语提取、突发检测、中介核心性、异构网络分析等功能,能够更加有效地展示某学科领域研究主题的演进历程,拥有良好的可视化效果,如图 1.3 中的 c 所示。[③]

2008 年 M.Rosvall 等借鉴地理学领域的冲积图(alluvial diagram)提了一种社区演化可视化分析方法,能够直观地展示学科主题结构的演化过程并识别研究前沿,其中以不同颜色的线条表示主题演化路径,如图 1.3 中的 d 所示。[④] 2013 年王晓光等,改进 M.Rosvall 等的方法,

① Morris S., Yen G., Wu Zheng, et al., "Timeline visualization of research fronts", *Journal of American Society for Information Science and Technology*, 2003, 54(5): 413-422.

② Chen C.M., "Searching for intellectual turning points: progressive knowledge domain visualization", *Proceedings of the National Academy of Sciences of the United States of America* (PNAS), 2004(1): 5303-5310.

③ Chen C., "CiteSpace Ⅱ: Detecting and Visualizing Emerging Trends and Transient Patterns in Scientific Literature", *Journal of the American Society for Information Science and Technology*, 2006, 57(3): 359-377.

④ Rosvall M., Bergstrom C.T., "Mapping change in large networks", PlosOne, 2010, 5(1): e8694.

并以之为基础研究开发了学科主题演化可视化分析软件 Neviewer,
能够以冲积图、赋色网络图揭示学科主题演化的宏观过程和微观细
节,能够有效地识别某学科领域的研究前沿,如图 1.3 中的 e、f
所示。①

2011 年,M.J.Cobo 等提出了一种可用于探测、量化和可视化分
析某研究领域的科技创新知识发展过程的方法,通过对模糊集理论
领域的实证研究验证了方法的有效性②;然后于 2012 年研究开发了
知识图谱绘制工具 SciMAT,并发表文章详细介绍了其基本原理和算
法,能够通过密度、中心度指标分析主题词间的关联强度和主题演化
能力,并且能够识别研究前沿主题的演化路径,如图 1.3 中的 g
所示。③

2011 年,微软亚洲研究院的研究人员,提出了一种能够分析多个
主题演化关系的文本可视化分析方法 TextFlow,在海量文本分析中引
入主题合并和分裂的理念,能让人利用直观的流式图形迅速把握海量
信息的发展脉络,如图 1.3 中的 h 所示。④ 2015 年,Samah Gad 等基于
文本中的高频词提出动态时序主题演化可视化系统,其中连线粗细、颜
色表示主题词共现次数,可以充分展示内部基本知识单元的动态演化
过程,并通过奥巴马演讲文本、报纸文本等进行实证研究,验证了其有

---

① 王晓光、程齐凯:《基于 NEViewer 的学科主题演化可视化分析》,《情报学报》
2013 年第 9 期。

② Cobo M.J.,López-Herrera A.G.,"Herrera-Viedma E.,et al.An approach for detec-
ting,quantifying,and visualizing the evolution of a research field:apractical applica-
tion to the fuzzy sets theory field",*Journal of Informetrics*,2011,5(1):146-166.

③ Cobo M.J.,López-Herrera A.G.,Herrera-Viedma E.,et al.,"SciMAT:a new
science mapping analysis software tool",*Journal of the American Society for Informa-
tion Science and Technology*,2012,63(8):1609-1630.

④ Cui W.W.,Liu S.X.,Li T.,et al.,"Text flow:towards better understanding of
evolving topics in text",*Transactions on Visualization and Computer Graphics*,2011,
17(12).

效性,如图 1.3 中 i 所示。①

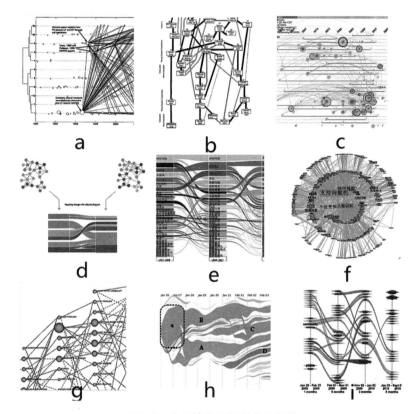

图 1.3　主题演化可视化方法概览

二、可视化工具

随着科技文献的爆发式增长,传统分析技术方法逐渐难以满足用户的信息需求,研究人员发现利用可视化技术能够有效地揭示海量科技文献中蕴含的科技情报。随着可视化技术工具的推广应用,越来越

① Gad S., Javed W., Ghani S., et al., "Theme delta: dynamic segmentations overtemporal topic models", *Transactions on Visualization and Computer Graphics*, 2015,21(5):672-685.

多的研究人员将可视化工具应用于研究前沿识别过程中,大大提高了研究前沿识别的准确性和有效性。目前,研究前沿识别过程中使用较为广泛的可视化工具主要有:Sci2①、CiteSpace②、UciNet③、Gephi④、SPSS⑤、SciMAT⑥、HistCite⑦、VOSviewer⑧、NEViewer 等⑨。下面对 CiteSpace、UciNet、Gephi、HistCite 四种使用较为广泛的可视化工具进行详细介绍,以充分支撑后续研究工作。

(1)CiteSpace,由美国德雷塞尔大学信息科学与技术学院陈超美博士与大连理工大学 WISE 实验室联合开发的科技文献分析工具。⑩该软件的使用步骤概括来说可以分为四个:数据准备、参数选择、图谱调整和判读分析,此外 CiteSpace 适用广泛,可以处理 SCI、CSSCI、CNKI、PubMed、Derwent、Scopus 等多个数据库的科技文献,而且提供作者、机构、国家、关键词、参考文献、作者、期刊等共引分析,能够选择中心性(Centrality)、突变检测(Burst Detection)、PageRank、最小生成树

---

① Sci2Tool,〔2018-06-17〕,https://sci2.cns.iu.edu /user / index.php.

② CiteSpace,〔2018-06-19〕,http://cluster.cis.drexel.edu/~cchen/citespace/.

③ Borgatti S.P.,Everett M.G.,Freeman L.C.(2017)UCINET.In:Alhajj R.,Rokne J.(eds),*Encyclopedia of Social Network Analysis and Mining*.Springer,New York,NY.

④ Bastian M.,Heymann S.,Jacomy M.(2009).Gephi:an open source software for exploring and manipulating networks.International AAAI Conference on Weblogs and Social Media.

⑤ SPSS,〔2018-06-19〕,https://www.ibm.com/analytics/spss-statistics-software.

⑥ M.J.Cobo,A.G.López-Herrera,E.Herrera-Viedma and F.Herrera,"SciMAT:A new Science Mapping Analysis Software Tool",*Journal of the American Society for Information Science and Technology*,63:8(2012)1609-1630.

⑦ HistCite,〔2018-06-19〕,http://interest.science.thomsonreuters.com/forms/HistCite/.

⑧ VOSviewer,〔2018-06-19〕,http://www.vosviewer.com/.

⑨ Börner K.,Scharnhorst A.,"Visual conceptualizations and models of science",*Journal of Informetrics*,2009,3(3):161-172.

⑩ Chen C.,"CiteSpace II:Detecting and Visualizing Emerging Trends and Transient Patterns in Scientific Literature",*Journal of the American Society for Information Science and Technology*,2006,57(3):359-377.

(Minimal Spanning Tree)和聚类(Cluster)等多种算法,可以通过有效地识别科技文献中蕴含的科学发展新趋势。

(2)Ucinet,由加州大学欧文分校的一群网络分析者开发的一个社会网络分析软件。Ucinet 的输入数据有多种格式,比如 Excel 数据、DL 数据等;输出数据形式主要有数据语言数据、Excel 数据和图形数据,其中生成可视化图谱需要加载 NetDraw、Pajek 等程序,并且可以对生成的社会网络图进行网络密度分析、中心性(Centrality)分析、凝聚子群分析等,集成力导向、环状等多种布局算法。总体来说,Ucinet 使用界面友好,功能强大,但是由于程序自身限制难以处理海量数据。

(3)Gephi,由法国 SciencesPo、Linkfluence 等研究机构合作研发的一款网络分析可视化软件,其目标是成为"数据可视化领域的 Photoshop"。Gephi 是一款开源软件,在 Netbeans 平台上开发,基于 Java 语言使用 OpenGL 作为它的可视化引擎,可以在 Windows、Linux、Mac 等多平台上进行操作;输入数据支持 csv、edges、dl、gdf、gexf、gml 等多种数据格式,输入成功后会生成输入报告,现实节点与边的个数等详情,然后进行社会网络图谱的可视化操作,根据目的进行图像布局、统计分析、调整节点与边的颜色大小形状,具有组合、多种布局方式、可交互、分割排序、过滤等多种功能,能够满足处理海量数据的可视化分析需求。此外,Gephi 能够通过网络爬虫获取网络实时信息进行动态网络可视化分析,具有良好的可视化效果,可以以此进行人际关系、浏览习惯、信息传递等方面的研究。

(4)HistCite,History of Cite 即引用历史。HistCite 是由 SCI 的创始人加菲尔德参与设计开发的,可以通过可视化的方式展现 SCI 数据库中的引文之间的相互引证关系,定位重要作者、机构和文献等,快速了解某学科领域的发展演化脉络识别研究前沿。由于 HistCite 是 SCI 的下属产品,所以该软件只能处理分析 SCI 数据库中的数据,并且使用本地浏览器作为使用界面,与其他可视化软件相比显得较为简陋,但是其引文分析功能实际上十分强大。其中,GCS(Global Citation Score)、LCS(Local Citation Score)、LCR(Local Cited References)和CR(Cited References)是HistCite中比较重要的四个参数,通过使用这四个参数可以快速发现重要文献、新趋势、高产作者、机构等,HistCite通过Tool目录下的Graph maker选项进行可视化图谱制作,生成引证关系时序图,图谱外观简洁直观。相较于其他可视化软件HistCite的可视化功能并不是十分强大,但是该软件能够有效地识别研究前沿,发现某学科领域研究趋势,因而在进行研究前沿识别可视化分析时HistCite是一个比较好的选择。

下表是对目前主要可视化工具的优缺点分析。

表 1.1　可视化主要工具比较

可视化工具	主要功能	优点	缺点
UciNet NetDraw	社会网络图谱绘制	可以通过节点、连线展示词间关系,发现核心和边缘主题词	演化趋势展示不足,难以直接识别研究前沿,需要进一步加工处理分析
CiteSpace	CiteSpace 演化图	美观、色彩丰富,可以展示研究主题的时间演化趋势,具有科技创新突变词探测功能	主题词间关系及其内部各主题词的权重不能很好的展示
SciMAT	战略坐标图	以向心度和密度为参数有效展示主题间的联系与相互关联	不能展示不同主题间的内部联系,而且不能很好地展示主题演化趋势
SPSS	多维尺度图	能够表现出反主题词间的亲疏、相似关系,反映主题内容的整体结构	无法确定主题的边界与数目;不能展示不同主题间的关系,而且不能展示演化趋势
NEViewer	主题演化冲积图	能够展示主题结构、内容的复杂演化过程,可以直接识别研究前沿主题	不能充分展示内部基本知识单元的演化趋势

第五节　研究前沿识别面临的挑战和发展趋势

一、面临的挑战

（一）研究前沿识别分析数据源较为单一

目前对研究前沿识别研究主要是利用已经发表的学术论文数据进行分析，揭示了一些较成熟、活跃的热点研究前沿领域，通常已经到了研究的爆发阶段。由于已发表的学术论文是"过去时"，存在滞后性，其识别的研究前沿的"前瞻价值"一直受到质疑。研究前沿识别是一个复杂、系统的过程，应涵盖整个科学研究生命周期，虽然科学论文是科研产出的主要形式之一，但并不足以代表所有科学研究前沿信息，以某一种数据来识别显然存在局限性。在其他数据源中，诸如各国各部门的科技规划、资助的项目申请书、专利文件等，也蕴含着大量科学研究前沿信息，从某种程度上讲，这些数据更能及时有效反映科学研究前沿，因此有必要拓展研究前沿识别的数据源，尝试研究利用各国各部门的科技规划、资助的项目申请书、专利文件等数据进行研究前沿识别。

（二）研究前沿的定义、分类和影响因素分析不足

研究前沿的定义随所采用方法、判定因素的不同而不同，目前主要是狭义上的定义，广义上的科学研究前沿并不是很充分。不同科技文献中蕴含的科学研究前沿的含义是不完全一致的。根据时间的不同，可以大体分为未来潜在发展研究前沿、新兴科学研究前沿、当前热点科学研究前沿等，因此有必要进一步探讨明确相关概念及其不同类型科学研究前沿之间的关系。此外，目前研究前沿的识别主要聚焦于论文引文和关键词等因素，然而影响研究前沿识别的因素覆盖科学研究的整个生命周期，如科技规划的发布时间、基金项目布局主题强度等因

素。因此,有必要进一步理清相关影响因素,并构建有效的模型提高研究前沿识别结果的准确性和前瞻性。

（三）研究前沿识别的应用研究不充分

研究前沿识别研究可应用于国家宏观科技政策规划制定、科研机构前沿学科布局和科研人员选题等不同场景。研究前沿识别的目的主要是充分利用科技文献揭示其隐含的主要前沿主题。目前,科学研究前沿识别的应用研究场景主要集中在学科现状和发展趋势分析,但是在科技决策、科研评价和科研人员选题等不同场景应用研究还略显不足,有待进一步探索研究前沿在促进科技创新应用场景中的应用方案以及实施效果等。

二、发展趋势

（一）多数据源融合提升研究前沿识别的前瞻性和全面性

目前研究前沿识别所使用的数据主要是论文数据,而其他相关数据由于获取、分析等方面的限制一直难以受到研究者的青睐。由于已发表的学术论文是"过去时"故而存在滞后性,其识别出的研究前沿的"前瞻价值"有待商榷,拓展研究前沿识别的数据源成为提高其前瞻价值的一种重要方式。随着科技数据的爆发式增长以及数据库技术的不断发展,各种数据的获取变得简单快捷,期刊论文数据的"滞后性"这一问题可以逐渐得到缓解与解决。将科技规划、基金项目和专利等数据源用来识别研究前沿,进行多数据源融合的研究,将会成为未来研究前沿识别的发展方向之一。

（二）研究前沿主题关联识别提升研究前沿主题描述的准确性和关联性

利用数理统计、科学计量和数据挖掘等技术、方法,识别出的研究前沿相对"孤立",难以回答不同研究前沿之间的关联关系以及某一研究前沿的发展演化过程,将科研生命周期人为割裂。这样会将某一时刻的研究主题视为反映整个领域的研究趋势,对于研究内容的挖掘深度难以满足研究前沿主题识别的准确性要求。此外,爆发词、高频词和热点主题等和研究前沿并不能等价,新颖度、热度等应该是影响研究前沿识别的若干因素之一。如何准确分析研究前沿主题之间的关联,描绘相对完整的科研生命周期,并在此基础上进一步识别研究前沿以及判断某一学科领域的发展趋势,将会是未来研究前沿研究中的一个重要问题。

(三)研究前沿可视化分析提升研究前沿主题的直观表达

利用可视化技术进行研究前沿表达一直是研究前沿识别的领域研究热点与重点。但是,由于使用的可视化软件并不是专门为了识别研究前沿而开发的,所以并不能直接通过可视化分析得到研究前沿,需要对可视化结果进行进一步的分析解读、判断才能识别出蕴含的研究前沿,这就造成了使用不同的可视化软件往往会识别出不同的研究前沿的问题,难以准确有效地描述研究前沿。但是,由于可视化技术对于研究前沿识别天然的优势以及难以替代的作用,利用可视化技术进行研究前沿识别的研究将是新兴热点领域。近年来大数据的可视化分析需求不断提高,大大促进了可视化技术的发展,D3、Echart、Gephi 等相关可视化工具也应运而生,研究探索合适的可视化分析方法、技术将会是未来研究前沿识别相关研究的一个重要突破口。

本章整理分析了研究前沿相关概念、数据源、识别方法、可视化软件和面临的挑战及其发展趋势,重点分析了基于引文和基于文本内容的研究前沿识别方法,然后综述了近年来比较有影响力的可视化分析方法及其对应的可视化软件工具 CiteSpace、UciNet、Gephi、SPSS、

SciMAT、VOSviewer、HistCite、NEViewer 等。对 CiteSpace、UciNet、Gephi、
HistCite 四种可视化工具分别进行了详细介绍,并基于图谱类型对研究
前沿识别研究过程中使用的可视化软件进行了比较分析。最后,对研
究前沿识别研究面临的挑战和发展趋势进行了分析。通过本章的论
述,有助于对研究前沿识别方法与工具的最新研究进展进行了解与把
握,理清目前研究前沿识别研究中存在的不足与发展趋势。

第 二 章
基于规划文本的研究前沿主题识别

本章以碳纳米管领域美国国家纳米计划（NNI）规划文本近 10 年（2008—2017）数据为数据源，利用正则表达式从规划文本中抽取出碳纳米管领域规划发展目标和时间戳数据，经过去重、相同主题归并等处理后，利用 LDA 文本主题识别模型识别出蕴含在规划文本中的科学研究前沿主题。

第一节　科技规划

《软科学大辞典》中将科技规划解释为："科技规划是关于科技发展的指导方针、基本政策和基本途径的规定。科技规划是对较大范围、较大规模和较长时间内的科学技术发展事业的方向、目标、步骤和重大措施进行筹划的一幅设计蓝图。"许多文献对科技规划也进行了解释，其中有代表性的观点有：

"科技规划主要包括国家层面制定的科技战略规划，其集中体现了国家一段时期的科技目标和战略优先领域的综合性科技战略。"①

---

① 王海燕、冷伏海：《英国科技规划制定及组织实施的方法研究和启示》，《科学学研究》2013 年第 2 期。

"科技规划是政府直接参与,对未来科技发展趋势进行分析,把握科技工作重点,确定科技发展的优先领域和重大专项技术的重要手段,是实现经济社会发展目标的有效保证,是优化科技资源、集中有限资源解决制约经济社会发展重大问题的有效措施。"[1]归纳起来,科技规划按不同的分类标准可以进行以下分类:

(1)按时间长短来分,科技规划可以分为短期、中期和长期规划。

长期规划一般为 5 年以上,可以长达 25 年甚至更长;中期规划为 3 至 5 年;短期规划为 1 至 2 年。

(2)按科技规划的目的来分,科技规划可以分为战略规划、行动规划和作业规划。

①战略规划是对科技发展目标和达到该目标的政策、方案、计划和程序的总体部署,是最高领导层用以统率所有项目计划的总纲。

②行动规划是将战略的长远目标转变为详细的行动方针、指令和在特定时间内完成的目标规划。

③作业规划又称项目规划,是对具体的科研项目所做的规划,其主要工作是把短期科研目标与整体战略目标衔接起来。

王海燕博士对韩国、日本和英国等国家的科技规划制定、组织以及实施方法等进行了相关调研、比较分析。[2] 在科技规划制定方法上,朱东华等学者提出了基于专利数据的技术路线图的方法。[3] 樊春良等分析了技术预见在科技规划制定中的重要作用。不难发现,科技规划具

---

① 姚毅、刘玲:《基于技术预见和路线图的科技规划》,《科技管理研究》2010 年第 11 期。

② 王海燕、冷伏海:《英国科技规划制定及组织实施的方法研究和启示》,《科学学研究》2013 年第 2 期;王海燕、冷伏海、吴霞:《日本科技规划管理及相关问题研究》,《科技管理研究》2013 年第 15 期;王海燕、冷伏海:《支持科技规划优先领域选择的战略情报与服务框架研究》,《图书情报工作》2013 年第 7 期。

③ 郭颖、汪雪锋、朱东华、张嵥、郭俊芳、赵晨晓:《"自顶向下"的科技规划——基于专利数据和技术路线图的新方法》,《科学学研究》2012 年第 3 期。

有以下特点：

（1）科学性。科技规划的制定一般由政府主导，领域专家参与，符合科技发展规律的要求。在制定科技规划时，对影响科技发展的各种因素会进行周密预测与科学分析，使纳入规划的内容具有可行性。

（2）目的性。科技规划的目标依其内容可分科学技术目标、经济目标和社会目标。但总的看来，都以争取科学技术突破进而全面促进科技、经济、社会协调发展，作为科技规划的出发点和归宿。

（3）全面性。科技规划本是一个全面复杂的系统工程，科技规划包含该科技研究领域方方面面的内容。

（4）前瞻性。制定科技规划时，规划制定者要作多方面预测，包括基础研究预测、研制设计预测、应用研究预测和市场需求预测等。科技规划在一定时间内会引领该领域的发展，具有重要的指导意义。

（5）权威性。科技规划的制定大多数是政府直接参与或间接指导，对某一科学研究领域的发展具有权威指导性。

鉴于科技规划的以上几个特点，特别是针对科技规划具有前瞻性、全面性和权威性的特点，本书将研究如何从规划文本中利用信息抽取技术抽取出科学研究前沿主题并进行直观的可视化展示。

第二节　基于规划文本的研究前沿
主题识别思路与方法

一、研究思路

科技规划文本非结构化文本，且文本叙述较为零散，同领域的规划十分分散。因此，抽取科技规划文本中的研究主题并将其转为结构化的文本存在一定的难度，本书提出了一种以触发词库为基础的规则匹配抽取研究主题的方法，具体识别思路如图 2.1 所示。

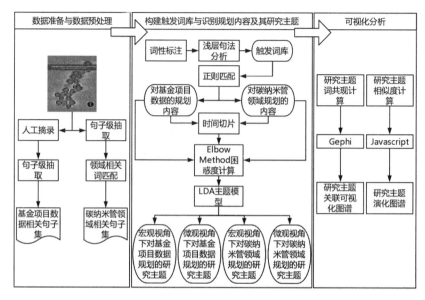

图 2.1　科技规划文本的研究主题识别思路

第一步:数据准备。

登陆科技规划文本的相关网站,下载科技规划文本数据。

第二步:数据预处理。

(1)抽取规划文本中涉及基金项目资助的相关的文本:通过人工判读科技规划文本,摘录出有关基金项目数据的内容作为实验数据源,利用 KNIME① 对实验数据源进行句子级别抽取,得到基金项目数据相关句子集。

(2)抽取规划文本中碳纳米管研究相关句子内容:通过对科技规划文本人工判读,确定与碳纳米管领域相关的关键词,构建正则表达式,通过正则匹配方法从科技规划文本中抽取含有关键词的句子,得到碳纳米管领域的相关句子集。

---

① 　KNIME,[2017-03-01],https://www.knime.com/.

第三步:构建触发词库。

首先,利用 Standford CoreNLP① 对上述抽取出的句子进行词性标注与浅层句法分析,分析含有规划语义句子的结构,寻找含有规划语义句子的特征。然后,将发现的特征归纳为范式,并将范式描述出来。为了提高识别规划的准确度,利用正则表达式抽取含有特征范式的词组,剔除不含规划语义的词组,将含有表达目标意思的单词构建成为触发词库。

第四步:识别规划内容。

利用构建好的触发词库,通过匹配的方法识别出科技规划文本中针对基金项目数据的规划内容和科技规划文本中针对研究领域规划的内容。

第五步:识别规划主题。

分别对识别出的基金项目数据和目标领域的规划内容以两年为一时间维度进行时间切片,基于 Elbow Method② 计算时间切片之前的文本和时间切片后的文本的主题困惑度。根据困惑度计算结果,选择最优主题数量,利用 LDA 主题模型对时间切片之前的文本和时间切片后的文本进行主题识别。时间切片之前的文本所得到的结果为:"宏观视角下对基金项目数据的规划研究主题""宏观视角下对领域的规划研究主题";时间切片之后的文本所得到的结果为:"微观视角下对基金项目数据的规划研究主题""微观视角下对领域的规划研究主题"。

第六步:可视化分析。

对研究主题词进行共现计算,得到他们的共现次数,利用可视化软

---

① Stanford Core NLP-Natural language software,[2018-03-01],https://stanfordnlp. github.io/CoreNLP.

② David J.,Ketchen,Christopher L.Shook.,"The application of cluster analysis in Strategic Management Research:An analysis and critique",*Strategic Management Journal*,1996,17(6):441-458.

件 Gephi 构建主题关联图谱,并进行分析。计算各个时间维度的研究主题相似度,利用 Javascript 对结果进行可视化展示,得到对基金项目数据的规划研究主题演化和对基金项目数据的规划研究主题的演化图谱,并进行分析。

二、NNI 规划文本概述

NNI(National Nanotechnology Initiative)①规划是由美国国家科学技术委员会和美国白宫科技政策办公室提交给国会的纳米技术领域预算申请文本。NNI 描述了参与国家纳米技术倡议的联邦政府机构本年和计划于次年开展的活动,主要是从计划和预算的角度来看。它以 2004年 12 月发布的 NNI 战略计划为基础,根据"21 世纪纳米技术研究与发展法"(美国公共法 108—153)的规定,报告本年的预计投资和按计划组成部分(PCA)要求的次年投资。NNI 主要参与机构如表 2.1 所示。

表 2.1　主要参与机构

参与机构全称	参与机构简称	中文名称
Office of Science and Technology Policy	OSTP	美国科学技术政策局
Office of Management and Budget	OMB	美国行政管理和预算局
Bureau of Industry and Security	BIS/DOC	美国商务部工业安全局
Consumer Product Safety Commission	CPSC	美国消费品安全委员会
Cooperative State Research, Education, and Extension Service	CSREES/USDA	美国州际共同教育推广研究局
Department of Defense	DOD	美国国防部
Department of Education	DOE	美国能源部
Department of Homeland Security	DHS	美国国土安全部
Department of Justice	DOJ	美国司法部

---

① National Nanotechnology Initiative,[2018-02-01],https://www.nano.gov/.

参与机构全称	参与机构简称	中文名称
Department of Labor	DOL	美国劳工部
Department of State	DOS	美国国务院
Department of Transportation	DOT	美国运输部
Department of the Treasury	DOTreas	美国财政部
Environmental Protection Agency	EPA	美国环境保护局
Food and Drug Administration	FDA/DHHS	美国食品药品监督管理局
Forest Service	FS/USDA	美国林务局
Intelligence Technology Innovation Center	ITIC	美国科学技术创新情报中心
International Trade Commission	ITC	美国国际贸易委员会
National Aeronautics and Space Administration	NASA	美国国家航空航天局
National Institutes of Health	NIH/DHHS	美国国立卫生研究院
National Institute for Occupational Safety and Health	NIOSH/CDC/DHHS	美国国家职业安全与健康研究所
National Institute of Standards and Technology	NIST/DOC	美国国家标准与技术研究所
National Science Foundation	NSF	美国国家科学基金会
Nuclear Regulatory Commission	NRC	美国核管制委员会
Technology Administration	TA/DOC	美国技术管理局
U.S.Geological Survey	USGS	美国地质调查局
U.S.Patent and Trademark Office	USPTO/DOC	美国专利商标局

NNI 规划文本主要由三部分组成:第一部分,"综述(Introduction and Overview)";第二部分,"NNI 投资预算(NNI Investments)";第三部分,"NNI 目标和优先事项(Progress Towards Achieving NNI Goals, Objectives, and Priorities)"。各部分详细内容如下:

1. 综述

在第一部分中,报告介绍了纳米技术以及纳米技术所涵盖的技术领域,综述了 NNI 科技规划文本的发展历史,申明了本年度的规划中有纳米技术研发预算的联邦机构名称,阐述了该报告文本的目的与计划发展领域(Program Component Area,PCA)。

其中,2008 年 PCA 共有 7 项,分别为"纳米级基本现象和过程(Fundamental Nanoscale Phenomena and Processes)""纳米级设备和系统(Nanoscale Devices and Systems)""仪器研究,计量和纳米技术标准(Instrumentation Research,Metrology,and Standards for Nanotechnology)""纳米制造(Nanomanufacturing)""主要研究设施和仪器采购(Major Research Facilities and Instrumentation Acquisition)""社会维度(Societal Dimensions)"。2009 年至 2014 年比 2008 年多了"环境健康与安全领域(Environment,Health,and Safety)"。

2015 年至 2017 年重新规划了 PCA 共有 9 项,分别为"用于太阳能收集和转换的纳米技术:为未来的能源解决方案作出贡献(Nanotechnology for Solar Energy Collection and Conversion:Contributing to Energy Solutions for the Future)""可持续纳米制造(Sustainable Nanomanufacturing)""2020 年及以后的纳米电子学(Nanoelectronics for 2020 and Beyond)""纳米技术知识建设:在可持续设计中实现国家领先地位(Nanotechnology Knowledge Infrastructure:Enabling National Leadership in Sustainable Design)""纳米技术传感器和用于纳米技术的传感器:改善和保护健康,安全和环境(Nanotechnology for Sensors and Sensors for Nanotechnology:Improving and Protecting Health,Safety,and the Environment)""基础研究(Foundational Research)""纳米技术支持应用,设备和系统(Nanotechnology Enabled Applications,Devices,and Systems)""研究基础设施和仪器(Research Infrastructure and Instrumentation)""环境,健康与安全(Environment,Health,and Safety)"。

2. 投资预算

在本部分中,报告主要描述了给各个参与机构的往年实际投资金额、对下一年计划的投资金额以及在不同目标下对不同投资机构的要求(如表2.2所示)。

表 2.2　2007 年 NNI 科技规划文本机构资助详情

单位:百万(million)

Agency	Fundamental Phenomena & Processes	Nanomaterials	Nanoscale Devices & Systems	Instrument Research, Metrology, & Standards	Nano-man-ufacturing	Major Research Facilities & Instr. Acquisition	Education & Societal Dimensions	NNI Total
NSF	142.7	60.2	51.1	14.5	26.9	31.6	62.9	389.9
DOD	179.1	91.7	70.6	8.3	1	23	1	374.7
DOE	85.4	99.8	13.5	26.7	2	100.6	3.5	331.5
DHHS(NIH)	53.3	16.5	114.9	6.7	1.7	0.1	9.7	202.9
DOC(NIST)	27.1	8	13.5	26.4	11.1	4.5	6	96.6
NASA	1	12	10	0	1	0	0	24
EPA	0.2	0.2	0.2	0	0	0	9.6	10.2
USDA(CSREES)	0.4	0.8	1.5	0	0.1	0	0.2	3
DHHS(NIOSH)	0	0	0	0	0	0	4.6	4.6
USDA(FS)	1.7	1.5	1	0.2	0.2	0	0	4.6
DHS	0	0	1	0	0	0	0	1
DOJ	0	0	0.1	0.8	0	0	0	0.9
DOT(FHWA)	0.9	0	0	0	0	0	0	0.9
TOTAL	491.8	290.7	277.4	83.6	44	159.8	97.5	1444.8

3. 发展目标和优先事项的进展

在 2009 年至 2017 年的规划文本中,主要环绕为实现 NNI 科技规划文本 4 个大目标以及 15 个小目标对各机构进行规划目标和优先事项,目标详细内容如图 2.2 所示。

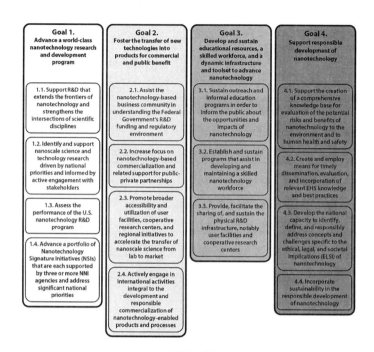

图 2.2　NNI 科技规划文本中的目标

三、规划文本中研究前沿主题句识别方法

NNI 规划文本的报告内容为政府性活动,所以在文本上对规划内容的用词主要是官方性用词,因此,可以从规划内容的官方用词上寻找出一定的规律,并总结成范式。例如下图所示,在这段文本论述中,focuse on、goal of、developed、developing、address、be used 皆为对规划内容的官方用词,为了准确地识别出规划内容,可以通过这些词或词组来定位含有规划内容的句子。

本书将首先通过词性标注和浅层句法分析,试图得到文本论述规律,将这些词进行归类整理,得到如下四类内容:

(1)例子中类似 be used 描述,归结为 be+VBD(动词过去式)。

(2)例子中类似 focuse on+名词,归结为 VB(动词基本形式)\VBG

Some examples of where NASA centers are exploring such opportunities are as follows. The agency has demonstrated the ability to rapidly cure ceramic precursor materials designed for use in the on-orbit repair of carbon reinforced materials. NASA's Johnson Space Center (JSC) is working with the State of Texas and the Nanoelectronics Research Initiative to investigate the use of a laser ablation process to produce conductive "armchair" single-wall carbon nanotubes (CNTs). JSC and the Ames Research Center have initiated a multidisciplinary effort focused on the incorporation of carbon nanotubes into a phenolic ablative material intended for use on next-generation spacecraft thermal protection systems. NASA Glenn Research Center has developed polymer cross-linked aerogels——modified silica aerogels with significantly enhanced durability and mechanical properties——and has fabricated novel nanocomposites that will be tested on the International Space Station. NASA Glenn continues to work on taking advantage of enhanced

---

4 See http://epa.gov/osa for the current draft

Energy and the Environment. The NNI is expected to contribute to the Administration's goal of developing a "comprehensive plan to invest in alternative and renewable energy, end our addiction to foreign oil, address the global climate crisis, and create millions of new jobs."

NIST, University of Colorado: Joint work has developed a unique way of growing hexagonal gallium nitride (GaN) nanowires featuring low defect density and high luminescence intensity. Because low defect density indicates a capacity for stable vibrations, the nanowires might be used as oscillators in nanoelectromechanical systems for future nanosensors and communications devices. NIST's GaN nanowires are grown on silicon, making them compatible with existing microelectronics processing methods.

图 2.3　NNI 规划文本示例

（动名词和现在分词）\VBN（过去分词）\VBP（动词非第三人称单数）\VBZ（动词第三人称单数）+IN（介词或从属连词）。

（3）例子中出现 goal of 等词语，归结为 NN（常用名词单数形式）\NNS（常用名词复数形式）\NNP（专有名词单数形式）\NNPS（专有名词复数形式）+IN（介词或从属连词）。

（4）例子中出现 developed、developing、address 等词语，加入一些单个出现的名词如 purpose、aim、application 等，归结为单词类。

四、规划文本研究前沿主题识别方法

（一）基于 LDA 模型的主题识别

LDA 模型是基于 Gibbs Sampling 近似分布同步框架的 LDA 模型①，

---

① Blei D.M.，Ng A.Y.，Jordan M.I.，"Latent dirichlet allocation"，*Journal of Machine Learning Research*，2003（3）：993–1022；Blei D. M.，Lafferty J.，"Dynamic topic models"，*Proceedings of the 23rd International Conference on Machine Learning*，New York：ACM，2006：113–120.

概括来说一篇文章是由 K 个 topic 中多个主题混合而成,每篇文章都是 topic 上的一个概率分布 doc(topic),每个 topic 都是 word 上的一个概率分布 $topic_k$(word),下标 k 表示为第 k 个 topic,文章中的每个词都是由某一个的 Topic 随机生成的,因此一篇文章的生成过程如下:

(1)依据 doc(topic)概率分布,生成一个 topic;

(2)依据该 topic 的概率分布 topic(word),生成了一个 word;

(3)回到第 1 步,重复 N 次,则生成了这篇文章的 N 个 word。

因此,doc(topic)是总和为 N 的 K 多项分布,$topic_k$(word)是总和为 N 的 V 多项分布。如果选择多项分布的先验分布为 Dirichlet 分布,该模型则成了 LDA 模型。由于每篇文章生成的 topic 的过程相互独立,每个 topic 生成 word 的过程相互独立,而且生成 topic 和生成 word 的过程相互独立,M 篇文章的 topic 和 word 的联合生成概率为:

$$p(\vec{w},\vec{z} \mid \vec{\alpha},\vec{\beta}) = \prod_{k=1}^{K} \frac{\Delta(\vec{nk_k} + \vec{\beta})}{\Delta(\vec{\beta})} \prod_{m=1}^{M} \frac{\Delta(\vec{nm_m} + \vec{\alpha})}{\Delta(\vec{\alpha})} \tag{2-1}$$

$\vec{nm_m}$ 是对第 m 篇文章各个单词的 topic 按 1-K 编号进行统计计数而得到的观测数据,可以展开为 $[\vec{nm(1)_m}, \vec{nm(2)_m}, \cdots, \vec{nm(K)_m}]$,因此该计数的概率为(N,K)的多项分布,N 为第 m 篇文章的单词总数,K 为 topic 总数。

$\vec{nk_k}$ 是对第 k 个 topic 各个单词按单词的编号 1-V 进行统计计数而得到的观测数据,可以展开为 $[\vec{nk(1)_k}, \vec{nk(2)_k}, \cdots, \vec{nk(V)_k}]$,因此该计数的概率为(N,V)的多项分布,N 为第 k 个 topic 包括的单词总数,V 为单词词汇总数。

本书利用数据集成、处理分析和挖掘平台 KNIME 的 LDA(Parallel Latent Dirichlet Allocation)主题识别模块进行主题识别。LDA 模型通过多任务(每个任务都包含一份完整的主题模型)并行的处理数据集,训练概率主题模型,而且任务之间的模型或同步或异步的进行融合。

(二)基于 Elbow Method 的主题选取方法

主题模型允许我们快速汇总一组文档,以分析查看经常出现的主题情况。但是,与任何其他无监督学习方法一样,如何确定数据集中的最佳主题数也是主题模型领域中的最关键的问题。判定聚类数目的常用方法主要有 Average Silhouette Method(轮廓系数法)①、Elbow Method(肘部法则)②、Hierarchical Cluster Method(层次聚类法)③。Average Silhouette 是类的密集与分散程度的评价指标,值越大说明组内吻合度越高,组间距离越远,也就是说,轮廓系数的值越大,聚类效果越好,但是复杂度较高。Elbow Method 利用平方误差和(Sum of Squared Errors, SSE)来确定最佳聚类数目,复杂度较高。Hierarchical Cluster Method 判定聚类数目是在对数据进行层次聚类时,通过可视化人为去判断大致聚为几类,但是这样判断主观性太强,缺少量化指标。

下表总结了三种主题选择方法的主要特点,可以看出 Elbow Method 相比于 Average Silhouette Method 和 Hierarchical Cluster Method 复杂度低且具有判断聚类数目的量化指标,所以本书选用 Elbow Method 对数据进行处理并判断其最佳聚类数目。

---

① Max Bramer BSc, PhD, CEng, FBCS, FIEE, FRSA, *Principles of Data Mining*, MIT Press, 2001.
② Thorndike R. L., "Who belongs in the family?" *Psychometrika*, 1953, 18(4): 267-276.
③ Bishop C.M., Tipping M.E., "A Hierarchical Latent Variable Model for Data Visualization", *Pattern Analysis & Machine Intelligence*, IEEE Transactions on, 1998, 20(3): 281-293.

表 2.3　主题数量选择方法特征列表

方法名称	优势	缺陷
Average Silhouette Method	有量化指标判断	复杂度高
Elbow Method	有量化指标判断	复杂度低
Hierarchical Cluster Method	可视化	没有量化指标判断

Elbow Method 是基于 K-means 聚类算法的一种判定聚类数目的方法,最早是由 Thorndike 在 1953 年提出。K-means 算法是基于使聚类性能指标最小化的原则,使用的聚类准则函数是数据集中的每个数据样本到该类中心的误差平方和(Sum of Squared Errors,SSE),并使它最小化。其基本思想是选定 K 类,并选取 K 个数据样本作为初始的聚类中心,通过迭代把数据样本划分到不同的簇中,使得簇内部的数据样本间的相似度很大,而簇之间的数据样本的相似度很小。

K-means 算法中的参数 K 的值是预先确定的,并在数据样本集中随机选取 K 个数据样本作为初始的聚类中心。算法的步骤为①:

从 n 个数据样本中任意选择 K 个数据样本作为初始聚类中心;

根据每个聚类数据样本的均值(中心数据样本),计算每个数据样本与这些中心数据样本的距离;

根据最小距离重新对相应数据样本进行划分,将每个数据样本重新赋给最相近的类;

重新计算每个发生变化聚类的均值;

重复(2)至(4),到每个聚类不再发生变化为止。

K-means 算法的基本流程如图 2.4 所示:

---

① 孙吉贵、刘杰、赵连宇:《聚类算法研究》,《软件学报》2008 年第 1 期;梁循:《数据挖掘算法与应用》,北京大学出版社 2006 年版;穆瑞辉、付欢:《数据挖掘概念与技术》,机械工业出版社 1990 年版;段明秀:《层次聚类算法的研究及应用》,中南大学 2009 年版。

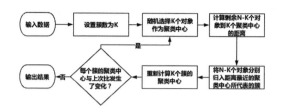

图 2.4　K-means 算法的基本流程图

K-means 算法的目的是尝试找出使平方误差函数值最小的 K 个聚类。其定义如下：

$$SSE = \sum_{i=1}^{K} \sum_{p \in c_i} | p - m_i |^2 \tag{2-2}$$

其中：

SSE：数据样本中所有对象的平均误差和；

p：空间中的点，表示给定的数据样本；

m_i：簇 c_i 的平均值。

这个准则可以使生成的结果簇尽可能地紧凑、独立。如果实验数据是密集的样本数据集，且类与类之间特别好的时候，该算法的效果比较好。对处理大数据集，K-means 算法的效率较高、可伸缩性较好。

Elbow Method 的思想基本上是对输入实验数据的运行 K-means 聚类，以获得 K 的一系列值（例如从 1 到 20），并且通过公式（3-2）对于每个 K 值计算平方误差和，即所有样本数据点到各自集群中心的距离之和，并在散点图中绘制每个 K 值的平方误差和的值。随着 K 值增大，平方误差和的值会减小，每个类包含的样本数据量会减少，于是各样本数据离其重心会更近，但是随着 K 值继续增大，平方误差和的值的下降幅度会不断减低。K 值增大过程中，平方误差和的值下降幅度最大的位置对应的 K 值就是肘部，即最佳主题数，Elbow Method 的基本流程如图 2.5 所示。

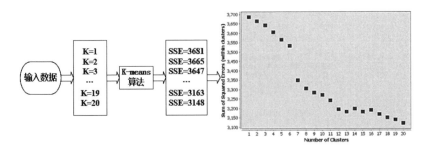

图 2.5　Elbow Method 流程图

（三）主题关联分析

基于主题识别模型可以有效分析主要研究主题，但是科学研究并不是孤立的，从科研的继承性角度来看，学科领域内各个主题之间应该存在或明显或隐含的联系，而这种联系应该可以揭示研究主题的重要程度与发展潜力，比如主题 A 与其他若干主题联系较多，表明主题 A 可能是该领域的研究热点或者是该领域的研究基础。因此通过对主题识别结果做进一步的关联分析，分析不同主题的相互关系与重要程度，可以对主题识别结果进行主题优选。

为了提高主题识别结果的准确性和有效性，需要利用社会网络分析方法结合可视化技术，对基于 LDA 模型识别出的研究主题进行关联构建，以将各个主题"联系"起来，从关联关系角度对各个主题进行进一步分析，为优选主题识别结果奠定基础。本书利用社会网络分析方法进行主题关联构建。首先进行数据转换，由于基于 LDA 模型识别出的各个研究主题是由主题标签、主题词和主题权重构成，为了可以进行社会网络分析应该对其进行数据形式转换，文本将其转换为共现矩阵的形式，具体做法分为两步，简单如图 2.6 所示：

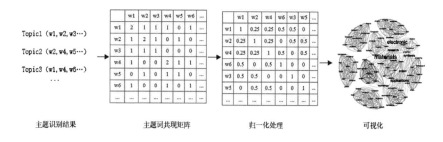

图 2.6　主题关联构建方法步骤

（1）共现矩阵构建。将每个由主题模型所识别出的各个子时期的主题看作一个短文本，然后基于子时期内所有的主题词构建主题词共现矩阵，并进行归一化处理为后续分析做准备。

（2）主题关联构建（可视化）。利用可视化技术结合社会网络分析方法进行关联构建，具体将共现矩阵导入 Gephi 进行可视化分析。

第三节　实　验

一、实验环境

1. 硬件

Windows 7 系统（64 位），Intel（R）Xeon（R）CPU，4G RAM，500G HardDrive。

2. 软件平台

KNIME、Gephi

二、数据源

美国国家纳米技术科技规划（National Nanotechnology Initiative，NNI）中规划的项目代表了美国在纳米研究领域的未来发展方向。本书选取美国国家纳米技术科技规划作为数据源，从 NNI 官方网站上下载了 2008 年到 2017 年的 NNI 科技规划,共 10 个文本。①

三、数据预处理

1. 抽取与基金项目研究相关的内容数据

首先,在人工判读基础上,得到 NNI 科技规划文本中关于 NSF 基金项目资助的相关章节文本。然后,利用 KNIME 平台的 Sentence Extractor 模块对抽取出的内容进行句子级别抽取,得到与基金数据项目相关的句子,储存为 Excel 表格格式,每一个单元格存储一个句子,总共得到 768 个句子。KNIME 具体操作流程如图 2.7 所示。

2. 抽取与碳纳米管研究领域相关的内容

利用 KNIME 平台的 Sentence Extractor 模块对规划文本内容进行句子级别抽取,共得到结果 11624 条。通过对 NNI 规划的人工阅读,确

① NNI Supplement to the President FY 2008 Budget, [2017-07-31], https://www. nano.gov/sites/default/files/pub_resource/nni_08budget.pdf; NNI Supplement to the President's 2009 Budget, [2017-07-31], https://www.nano.gov/sites/ default/files/pub_resource/nni_09budget.pdf; NNI Supplement to the President's 2010 Budget, [2017-07-31], https://www.nano.gov/sites/default/files/pub_resource/nni_2010_budget_supplement.pdf; NNI Supplement to the President's 2011 Budget, [2017-07-31] https://www.nano.gov/sites/default/files/pub_resource/ nni_2011_budget_supplement.pdf; NNI Supplement to the President's 2012 Budget, [2017-07-31] https://www.nano.gov/sites/default/files/pub_resource/nni_2012_budget_supplement.pdf; NNI Supplement to the President's 2013 Budget, [2017-07-31], https://www.nano.gov/sites/default/files/pub_resource/nni_2013_budget_supplement.pdf; NNI Supplement to the President's 2014 Budget, [2017-07-31] https://www.nano.gov/sites/default/files/pub_resource/nni_fy14_budget_supplement.pdf; NNI Supplement to the President's 2015 Budget, [2017-07-31], https://www.nano.gov/sites/default/files/pub_resource/nni_fy15_budget_supplement.pdf; NNI Supplement to the President's 2016 Budget, [2017-07-31], https://www.nano.gov/sites/default/files/pub_resource/nni_fy16_budget_supplement.pd; NNI Supplement to the President's 2017 Budget, [2017-07-31], https://www.nano.gov/sites/default/files/pub_resource/nni_fy17_budget_supplement.pdf.

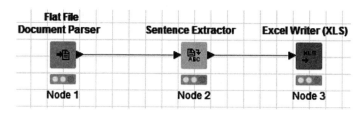

图 2.7 文本句子级别抽取流程图

定与碳纳米管领域相关的关键词有:"carbon nanotube＊""CNT＊"、
"single wall carbon nanotube＊"、"SWNT＊"、"double wall carbon nano-
tube＊"、"DWNT＊"、"mutilwall carbon nanotube＊"、"MWNT＊"等。可以
发现"carbon nanotube＊"、"single wall carbon nanotube＊"、"double wall
carbon nanotube＊"、"mutilwall carbon nanotube＊"都重复包含"carbon
nanotube","SWNT＊""DWNT＊""MWNT＊"都重复包含"WNT",因此
以关键词重复包含的字段为特征,构建相应正则表达式,抽取出相应句
子。本书构建的正则表达式如下:

"(.＊[Cc][Aa][Rr][Bb][Oo][Nn] [Nn][Aa][Nn][Oo][Tt]
[Uu][Bb][Ee].＊)|(.＊[Cc][Nn][Tt].＊)|(.＊[Ww][Nn][Tt].＊)|
(.＊20\d\d.＊)"

利用 python 正则匹配的方法,将上述表达式输入 python 得到碳纳
米管领域相关句子 303 条,结果如表 2.4 所示。

表 2.4 碳纳米管领域相关句子集(部分)

编号	句　子
S1	Director of National Intelligence (DNI) The National Reconnaissance Office (NRO) R&D program focus emphasizes developments in electronics, structural materials, and power generation and energy storage devices: In electronics, the program is emphasizing large-scale carbon nanotube (CNT)-based memory, CNT-based logic devices, and CNT field-effect transistors.
S2	CNT-based electronics foundry materials and processes are completely compatible with operations in a standard silicon foundry.

编号	句　　子
S3	Additionally, CNT electronics are inherently radiation-hardened, nonvolatile in nature, and extremely low in power consumption because states are retained by van der Waals forces.
S4	Research to produce CNT panels to withstand high-velocity space debris and to stop large-caliber bullets will be conducted.
S5	Research to use functionalized CNT yarns to transport heat away from electronic components and convert the heat to power for space systems will target a 12% energy conversion efficiency.
S6	CNT electronics developments are monitored by data storage vendors and data center manufacturers; the low-power-consumption and low-heat-production nature of CNT electronics will usher in a new paradigm for space and terrestrial data processing applications.
S7	The challenge to find a resin for CNT composites for superior strength and enhanced acoustic dampening has been initiated under contracts to academia.
S8	The meeting engaged both government and industry communities in reviewing several promising technical approaches to use of CNT materials in space applications.
S9	Academia continues to tackle the challenge of finding a suitable nano-resin for composites that is optimized for CNTs, resulting in superior strength and enhanced acoustic dampening.
S10	This is the perfect insulator to match CNT materials.
	……

四、构建触发词库

为了提高抽取结果的精准度,更加精确地定位到含有具体规划内容的句子,本书尝试构建规划内容的触发词库。首先,利用 Standford coreNLP 对句子文本进行词性标注,标注出句子中词语的词性,标注结果如图 2.8 所示。

图中,每个单词或词组的上方是该词的词性,具体含义如表 2.5 所示:

图 2.8　词性标注结果

表 2.5　词性标注的标签对应含义

Number	Tag	Description
1	CC	Coordinatingconjunction 连词
2	CD	Cardinalnumber 基数
3	DT	Determiner 限定词
4	EX	Existential*there*
5	FW	Foreignword
6	IN	Prepositionorsubordinatingconjunction 从属连词
7	JJ	Adjective 形容词
8	JJR	Adjective,comparative 形容词比较级
9	JJS	Adjective,superlative 形容词最高级
10	LS	Listitemmarker 列表项标记
11	MD	Modal 情态动词
12	NN	Noun,singularormass
13	NNS	Noun,plural
14	NNP	Propernoun,singular 专有名词,单数
15	NNPS	Propernoun,plural 专有名词,复数
16	PDT	Predeterminer 前置限定词
17	POS	Possessiveending 所有格结束词
18	PRP	Personalpronoun 人称代词
19	PRP $	Possessivepronoun 物主代词
20	RB	Adverb 副词

续表

Number	Tag	Description
21	RBR	Adverb,comparative 副词,比较级
22	RBS	Adverb,superlative 副词,最高级
23	RP	Particle 分词
24	SYM	Symbol 符号
25	TO	*to*
26	UH	Interjection 感叹词
27	VB	Verb,baseform 动词,原形
28	VBD	Verb,pasttense 动词,过去式
29	VBG	Verb,gerundorpresentparticiple 动词,动名词或现在分词
30	VBN	Verb,pastparticiple 动词,过去分词
31	VBP	Verb,non-3rdpersonsingularpresent 动词,非第三人称单数
32	VBZ	Verb,3rdpersonsingularpresent 动词,第三人称单数
33	WDT	Wh-determinerWh-限定词
34	WP	Wh-pronounWh-代词(疑问代词)
35	WP$	Possessivewh-pronoun 疑问代词所有格
36	WRB	Wh-adverb 疑问副词

然后,标注出句子的语法结构,如图 2.9 所示:

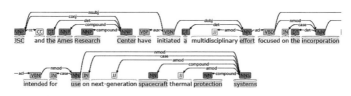

图 2.9　浅层句法分析

词性标注和语法结构标注后,通过总结分析,发现主要有三种特征范式:

（1）范式一：be+VBD（动词过去式），如图 2.10 所示。

Simulation-based design of nanostructured materials will be emphasized.

图 2.10　范式一

该范式 be 动词前面的词语表达的是规划文本中主要研究目标和内容。

（2）范式二：VB（动词基本形式）\VBG（动名词和现在分词）\VBN（过去分词）\VBP（动词非第三人称单数）\VBZ（动词第三人称单数）+IN（介词或从属连词），如 2.11 图所示。

Under this PCA, NSF continues its research focus on active nanostructures and nanosystems, including new concepts to understand interactions among nanoscale devices in complex systems, such as the physical, chemical, and biological interactions between nanostructures and device components.

图 2.11　范式二

该范式特征词后面的词语表达的是规划文本中主要研究目标和内容。

（3）范式三：NN（常用名词单数形式）\NNS（常用名词复数形式）\NNP（专有名词单数形式）\NNPS（专有名词复数形式）+IN（介词或从属连词），如图 2.12 所示。

NSF, NIST, and the semiconductor/electronics industry: NSF and NIST are continuing to work jointly with universities and a consortium of companies in the Semiconductor Industry Association (SIA) and the Semiconductor Research Corporation (SRC) on activities to support the Nanoelectronics Research Initiative (NRI) with the goal of demonstrating novel computing devices capable of replacing the complementary metal oxide semiconductor (CMOS) transistor as a logic switch in the 2020 timeframe.

图 2.12　范式三

该范式特征词后面的词语表达的是规划文本中主要研究目标和内容。

对上述的三种特征范式涉及的主要特征词进行了归纳总结,剔除不含规划语义的词组,构建了规划内容触发词库,如表 2.6 所示:

表 2.6 触发词(部分)

	触发词
范式一	be emphasized、be investigated、be used、be applyed ……
范式二	focus on、aim to、plan to、continues to、research to……
范式三	the challenge to、the purpose of、the goals to、the development of ……
特征词	goal、aim、develop、purpose、aim、application ……

五、识别规划内容

1. 涉及基金项目数据的规划内容识别

为了更准确地识别出有关基金项目的规划内容,利用构建好的触发词库对基金项目数据相关句子级进行了匹配抽取,得到 256 条句子,如表 2.7 所示。

表 2.7 NSF 的规划内容(部分)

序号	规划内容
2008_1	Increased focus will be placed on understanding quantum phenomena and their use in devices and systems, self-assembly on multiple scales, and complex behavior of large nanosystems.
2008_2	Increased focus will be placed on nanostructured materials with emergent behavior and support for study of biologically-based or-inspired systems that exhibit novel properties and potential applications.
2008_3	Simulation-based design of nanostructured materials will be emphasized.
2008_4	Under this PCA, NSF continues its research focus on active nanostructures and nanosystems, including new concepts to understand interactions among nanoscale devices in complex systems, such as the physical, chemical, and biological interactions between nanostructures and device components.
2008_5	Research on nanoelectronics "beyond silicon" and complementary metal-oxide semiconductors (CMOS) will explore replacing electron charge as the information carrier, bottom-up device assembly technologies at the atomic and molecular levels, and new system architectures using nanoscale components.

序号	规划内容
2008_6	A special challenge is developing tools for measuring and restructuring matter with atomic precision, for time resolution of chemical reactions, and for domains of biological and engineering relevance.
……	……

2. 涉及碳纳米管领域的规划内容识别

利用前面构建好的触发词库和抽取规则对碳纳米管领域相关句子集进行匹配抽取，得到57条句子，如表2.8所示。

表2.8　NNI规划文本中碳纳米管领域的规划内容（部分）

序号	时间	规划前沿主题
2008_goal_0	2008	NIST, NASA, NIOSH: These agencies have initiated a coordinated effort to develop the first Reference Material (RM) for residual catalyst content in carbon nanotube (CNT) -bearing material, enabling manufacturers to produce uniform materials that meet the requirements of the marketplace. Carbon nanotubes have the potential of leading to significant advances in microelectronics and materials manufacturing because of their potential for improving the mechanical, thermal, and electrical properties of the materials in which they are incorporated.
2008_goal_1	2008	NASA's Johnson Space Center (JSC) is working with the State of Texas and the Nanoelectronics Research Initiative to investigate the use of a laser ablation process to produce conductive "armchair" single-wall carbon nanotubes (CNTs). JSC and the Ames Research Center have initiated a multidisciplinary effort focused on the incorporation of carbon nanotubes into a phenolic ablative material intended for use on next-generation spacecraft thermal protection systems.
2008_goal_2	2008	NASA Glenn continues to work on taking advantage of enhanced electromechanical properties in CNT nanocomposites to enable low-voltage electroactive material systems. There is great potential for using CNT composites in sensors and actuators.
2008_goal_3	2008	conducting a risk assessment on carbon nanotubes.

续表

序号	时间	规划前沿主题
2008_goal_4	2008	NIST, NASA, NIOSH: Carbon nanotubes have the potential of leading to significant advances in microelectronics and materials manufacturing because of their ability to improve the mechanical, thermal, and electrical properties of the materials in which they are found. NIST, NASA, and NIOSH have initiated a coordinated effort to develop the first Reference Material for residual catalyst content in carbon nanotube-bearing material, enabling manufacturers to produce uniform materials that meet the requirements of the marketplace.
……	……	……

六、识别规划内容的研究主题

经过以上步骤操作,得到了规划文本中涉及基金项目的内容以及碳纳米管领域的有关规划内容。以 2 年为单位进行时间切片处理,然后利用 Elbow Method 分别对未经时间切片处理和经时间切片处理的数据进行主题困惑度计算。

将经过预处理的数据导入 KNIME 平台的 K-means 聚类算法中,迭代得出当 K 值为 1 至 20 的平方误差和,具体流程如图 2.13 所示。

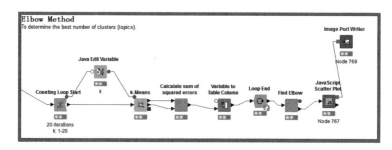

图 2.13　Elbow Method KNIME 处理流程图

计算结果如下:

图中显示了数据集合在不同主题数量下的错误度,选取困惑度函数图像中与上一点畸变程度最大点的类数作为最优主题数。因此,设

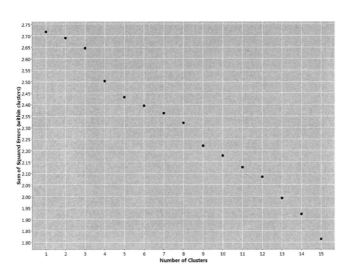

图 2.14 未经时间切片的碳纳米管规划内容的主题困惑度

定 LDA 主题模型中的 No.of topic 主题数为上图中与上一点畸变程度
最大点的类数为 4。LDA 模型具体参数设定如下：

No.of words per topic：15

Alpha＝0.5

Beta＝0.1

No.of iteration：2000

No.of thread：8

部分主题识别结果如图 2.15 所示。

经过 LDA 主题识别得到四种结果：

（1）未经时间切片处理的有关基金项目的规划内容研究主题，命
名为宏观视角下对基金项目数据规划的研究主题；

（2）未经时间切片处理的有关碳纳米管领域的规划内容研究主
题，命名为宏观视角下对碳纳米管领域规划的研究主题；

（3）经过时间切片处理的有关基金项目的规划内容研究主题，命
名为微观视角下对基金项目数据规划的研究主题；

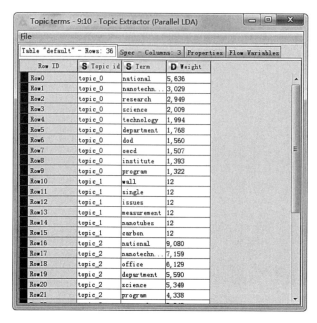

图 2.15　主题识别部分结果

（4）经过时间切片处理的有关碳纳米管领域的规划内容研究主题，命名为微观视角下对碳纳米管领域规划的研究主题。

第四节　结果分析

一、基金项目数据规划内容的研究主题识别结果

1. 宏观视角下对基金项目数据规划的研究主题

2008—2017 年有关基金项目数据的规划内容主题困惑度计算结果如图 2.16 所示：

根据困惑度计算结果可以确定，当主题数为 5 的时候困惑度最低。所以在 LDA 主题识别参数设置时，将 No.of topics 的数值设置为 5。主题识别结果如表 2.9 所示。

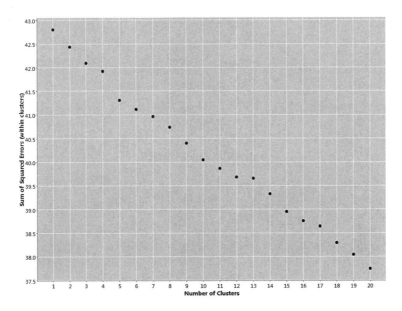

图 2.16　2008—2017 年基金项目数据规划内容困惑度计算结果

表 2.9　2008—2017 年基金项目数据规划内容研究主题识别结果

主题	主题词内容
NNI_NSF_0	educ｜engin｜public｜Network｜nanoscal｜support｜activ｜product｜outreach｜nation｜risk｜Nanoscal｜technic｜communiti｜Knowledg
NNI_NSF_1	nanomateri｜Engineer｜organ｜biolog｜support｜evalu｜exposur｜solicit｜address｜Scienc｜Director｜involv｜detect｜convers｜environment
NNI_NSF_2	materi｜nanoscal｜nanostructur｜address｜cell｜solar｜nanoparticl｜implic｜effici｜environ｜design｜photovolta｜product｜manufactur｜tool
NNI_NSF_3	Innovat｜Industri｜plan｜innov｜fund｜Engineer｜Liaison｜recruit｜biosens｜Energi｜Partnership｜Opportun｜support｜Cooper｜Grant
NNI_NSF_4	industri｜agenc｜plan｜devic｜collabor｜particip｜support｜partnership｜address｜Nanomanufactur｜workshop｜Nation｜nanomanufactur｜initi｜Environment

通过计算研究主题的主题词共现次数，构建了主题词的共现矩阵，导入 Gephi 中得到研究主题关联图谱，如图 2.17 所示。

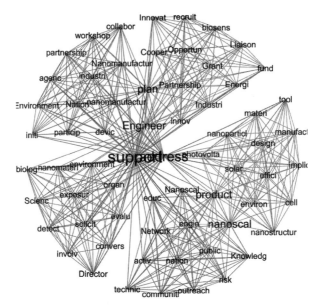

图 2.17　2008—2017 年基金项目数据规划内容研究主题关联图谱

从图 2.17 整体结构可以看出,2008—2017 年科技规划文本中有关基金项目数据的核心主题词为 support(支持)、address(解决问题)、engineer(工程)、plan(计划),都是一些比较宏观的词汇,这也符合科技规划文本的本身就比较宏观的文本特点,不过还是能从图中看出 education(教育事业)、nanoscale(纳米级制造)、environment(环境科学)、biology(纳米生物技术)、solar(能源研究)、nanostructure(纳米机构)等为基金项目规划在纳米技术方面这十年的主要努力方向。

2. 微观视角下对基金项目数据规划的研究主题

利用同样的方法分别计算 2008—2009 年,2010—2011 年,2012—2013 年,2014—2015 年,2016—2017 年五个子时期数据 Elbow Method 困惑度,并进行 LDA 主题识别。

①2008—2009 年子时期:该子时期主题困惑度计算结果如图 2.18 所示:

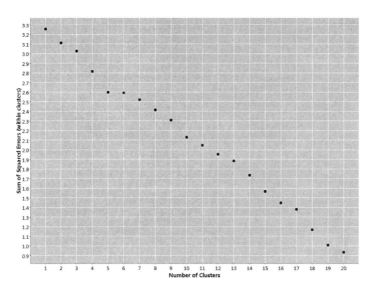

图 2.18 2008—2009 年子时期基金项目数据规划内容困惑度计算结果

由此可以发现 5 个主题困惑度最低,因此对于 2008—2009 年子时期基金项目数据规划内容进行 LDA 主题识别时,将 No.of topics 的数值设置为 5,此时可以取得整个数据集最准确的主题识别结果。该子时期主题识别结果如表 2.10 所示。

表 2.10 2008—2009 年子时期基金项目数据规划内容研究主题识别结果

主题	主题词内容
1_NNI_NSF_0	industri	nanomanufactur	integr	monitor	environment	Engineer	Center	public	instrument	process	valu	nanotechnology-rel	variabl	cultur	inform
1_NNI_NSF_1	materi	system	nanoscal	support	behavior	address	intern	seri	Internat	water	manufactur	biolog	chemic	activ	properti
1_NNI_NSF_2	collabor	plan	tool	effort	formal	capac	social	standard	basi	Inter-Nano	Access	public	commerci	applic	large-scal
1_NNI_NSF_3	nanoparticl	manufactur	safeti	implic	Network	Infrastructur	Nation	investig	horizon	long-term	short-term	polit	ethic	legal	social
1_NNI_NSF_4	nanoscal	nanostructur	implic	cell	process	led	health	environment	educ	human	particip	environ	nanoparticl	interact	continu

2008—2009 年子时期主题关联图谱如图 2.19 所示:

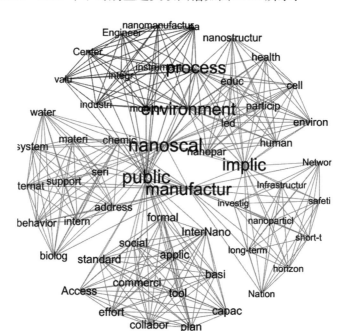

图 2.19 2008—2009 年基金项目数据规划内容研究主题关联图谱

从上图整体结构可以看出,2008—2009 年子时期科技规划文本中有关基金项目数据的核心主题词为 nanoscale(纳米级制造)、environment(环境科学)、manufacture(工业制造)、material(材料科学)、nanoparticle(纳米粒子)等,其中纳米级制造和工业制造等节点为关键节点,通过这几个核心研究内容串联起了该时期科技规划文本对基金项目规划的各个研究主题。

②2010—2011 年子时期:该子时期主题困惑度计算结果如图 2.20所示:

由此可以发现 6 个主题困惑度最低,因此对 2010—2011 年子时期基金项目数据规划内容进行 LDA 主题识别时,将 No.of topics 的数值设置为 6,此时可以取得整个数据集最准确的主题识别结果。该子时期

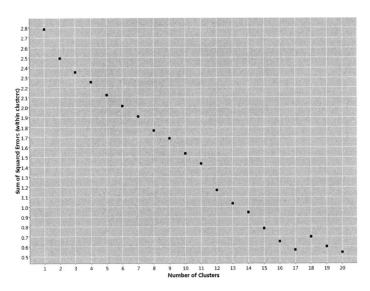

图 2.20　2010—2011 年子时期基金项目数据规划内容困惑度计算结果

主题识别结果如表 2.11 所示。

表 2.11　2010—2011 年子时期基金项目数据规划内容研究主题识别结果

主题	主题词内容
2_NNI_NSF_0	request | coordin | interag | addit | biolog | transport | fate | includ | involv | grant | EPA's | nanomateri | data | safeti | exposur
2_NNI_NSF_1	Environment | Engineer | Nanoscal | Nation | Network | Implicat | Educat | start | Agenci | Protect | Foundat | manner | respons | ensur | Comput
2_NNI_NSF_2	address | equip | energi | solar | convers | fund | timefram | semiconductor | metal | capabl | comput | demonstr | Corpor | Associat | Nanoelectron
2_NNI_NSF_3	educ | plan | outreach | agenc | network | interdisciplinari | emphas | govern | organ | multipl | connect | colleg | Pennsylvania | Knowledg | Career
2_NNI_NSF_4	industri | product | Semiconductor | activ | confer | CMOS | nanoelectron | Barbara | Santa | Arizona | dimens | societ | particip | public | generat
2_NNI_NSF_5	plan | workshop | Industri | Innovat | Liaison | Nanomanufactur | fundament | industri | Partnership | report | 1−3 | Initiat | Local | Region | conduct

2010—2011 年子时期主题关联图谱如图 2.21 所示。

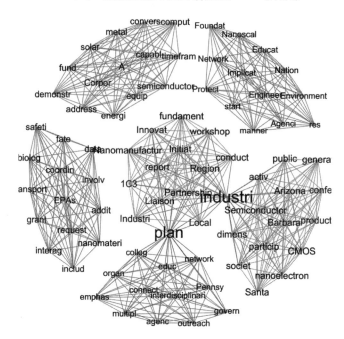

图 2.21　2010—2011 年子时期基金项目数据规划内容研究主题关联图谱

从图 2.21 整体结构可以看出,2010—2010 年子时期科技规划文本中有关基金项目数据的核心主题词有 industrial(工业制造)、semiconductor(半导体制造)、education(教育事业)等,边缘主题词有 nanomaterial(纳米材料)、environment(环境科学)、energy(能源研究),其中工业制造为关键节点,通过这几个核心研究内容串联起了该时期科技规划文本对基金项目规划的各个研究主题。

③2012—2013 年子时期:主题困惑度计算结果如图 2.22 所示。

由此可以发现 8 个主题困惑度最低,因此对 2012—2013 子时期基金项目数据规划内容进行 LDA 主题识别时,将 No.of topics 的数值设置为 8,此时可以取得整个数据集最准确的主题识别结果。该子时期主题识别结果如表 2.12 所示。

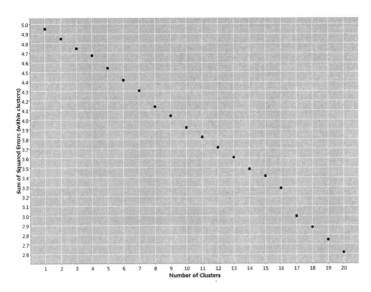

图 2.22 2012—2013 年子时期基金项目数据规划内容困惑度计算结果

表 2.12 2012—2013 年子时期基金项目数据规划内容研究主题识别结果

主题	主题词内容
3_NNI_NSF_0	collabor | support | fund | joint | intern | agenc | Solar | manag | nanomateri | educ | Energi | workshop | coordin | Commiss | European
3_NNI_NSF_1	educ | scienc | disadvantag | popul | teacher | site | children | engin | career | outreach | Institut | Georgia | minor | women | employ
3_NNI_NSF_2	organ | continu | Orlando | Februari | 2-4 | held | grante | annual | conjunct | Agricultur | Food | Acceptanc | Percept | Public | Outreach
3_NNI_NSF_3	ASU | circuit | Barbara | Santa | Arizona | dimens | societ | product | support | nanotechnolog | govern | anticipatori | capac | reflex | cultiv
3_NNI_NSF_4	Innovat | Industri | innov | Corp | initi | Cooper | IUCRC | Partnership | PFI | Liaison | Opportun | Grant | Acceler | AIR | translat
3_NNI_NSF_5	issu | ethic | societ | modul | econom | introduc | field | practic | theori | learn | implement | environment | interdisciplinari | andor | integr
3_NNI_NSF_6	industri | Network | partnership | specif | interact | address | challeng | Infrastructur | Nation | Engineer | support | site | network | local | communiti
3_NNI_NSF_7	engin | Director | nanoscal | educ | Engineer | Scienc | Econom | Social | cours | NSF's | support | Behavior | Educat | Divis | discoveri

2012—2013 年子时期主题关联图谱如图 2.23 所示。

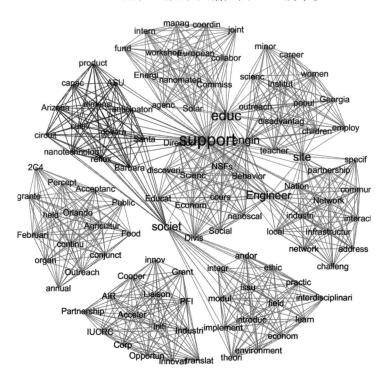

图 2.23 2012—2013 年子时期基金项目数据规划内容研究主题关联图谱

从图 2.23 整体结构可以看出，2012—2013 年子时期科技规划文本中有关基金项目数据的核心主题词为 nanoscale（纳米级制造）、environment（环境科学）、education（教育事业）、nanomaterial（纳米材料研究）、solar（能源研究）等，边缘主题词有 industry（工业制造）、food（食品），其中纳米级制造和教育事业等节点为关键节点，通过这几个核心研究内容串联起了该时期科技规划文本对基金项目规划的各个研究主题。

④2014—2015 年子时期：主题困惑度计算结果如图 2.24 所示。

由此可以发现 8 个主题困惑度最低，因此对 2014—2015 子时期基金项目数据规划内容进行 LDA 主题识别时，将 No.of topics 的数值设置

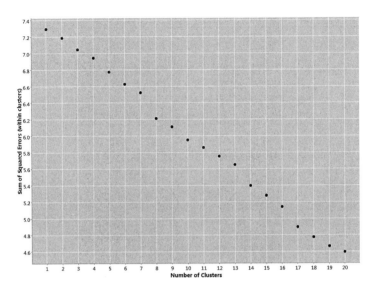

图 2.24　2014—2015 年子时期基金项目数据规划内容困惑度计算结果

为 8,此时可以取得整个数据集最准确的主题识别结果。该子时期主题识别结果如表 2.13 所示。

表 2.13　2014—2015 年子时期基金项目数据规划内容研究主题识别结果

主题	主题词内容
4_NNI_NSF_0	Environment｜agenc｜Implicat｜support｜initi｜particip｜Agenci｜futur｜collabor｜industri｜Contribut｜Individu｜entri｜identifi｜invit
4_NNI_NSF_1	cell｜solar｜effici｜materi｜OPV｜energi｜commerci｜fundament｜appli｜nanoscal｜excess｜Scienc｜convers｜address｜nanostructur
4_NNI_NSF_2	nanomateri｜plan｜joint｜implic｜solicit｜biolog｜detect｜exposur｜environ｜confer｜involv｜chemistri｜green｜worker｜specif
4_NNI_NSF_3	nanoscal｜product｜materi｜tool｜interfac｜biosens｜public｜engin｜innov｜model｜social｜character｜strategi｜collabor｜activ
4_NNI_NSF_4	address｜workforc｜educ｜issu｜solar｜creat｜primari｜manufactur｜photo-volta｜Engineer｜QESST｜co-sponsor｜meet｜silicon｜skill
4_NNI_NSF_5	govern｜countri｜Emerg｜CNS－ASU｜address｜anticipatori｜Societi｜Nanotechnolog｜futur｜Nanomanufactur｜Manufactur｜emerg｜consequ｜condit｜unequ

主题	主题词内容
4_NNI_NSF_6	Network | nation | Knowledg | industri | communiti | applic | converg | Career | Net | Educat | Informal | network | advanc | collabor | Nanoscal
4_NNI_NSF_7	Innovat | Industri | Indian | American | Polici | recruit | PFI | Partnership | I-Corp | Cooper | Liaison | Academ | Opportun | Grant | innov

2014—2015 年子时期主题关联图谱如图 2.25 所示。

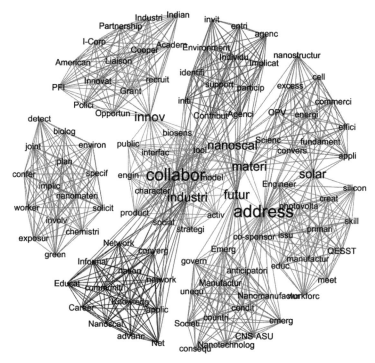

图 2.25　2014—2015 年子时期基金项目数据规划内容研究主题关联图谱

从图 2.25 整体结构可以看出,2014—2015 年子时期科技规划文本中有关基金项目数据的核心主题词为 nanoscale(纳米级制造)、environment(环境科学)、manufacture(工业制造)、material(材料科学)、industry(工业制造)、energy(能源研究)等,其中纳米级制造和工业制造以及材料科学等节点为关键节点,通过这几个核心研究内容串联起了该时期科技规划文本对基金项目规划的各个研究主题。

⑤2016—2017 年子时期:主题困惑度计算结果如图 2.26 所示。

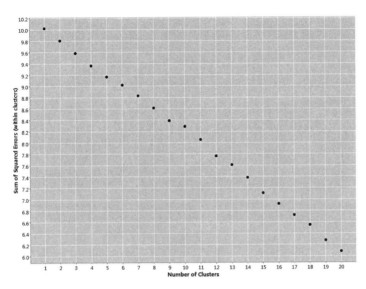

图 2.26　2016—2017 年子时期基金项目数据规划内容困惑度计算结果

由此可以发现 8 个主题困惑度最低,因此对 2016—2017 年子时期基金项目数据规划内容进行 LDA 主题识别时,将 No.of topics 的数值设置为 8,此时可以取得整个数据集最准确的主题识别结果。该子时期主题识别结果如表 2.14 所示。

表 2.14　2016—2017 年子时期基金项目数据规划内容研究主题识别结果

主题	主题词内容
5_NNI_NSF_0	recruit｜plan｜compon｜Indian｜American｜Polici｜fund｜nanophoton｜nanoelectron｜invest｜implement｜Innovat｜Water｜Food｜Energi
5_NNI_NSF_1	Engineer｜Scienc｜support｜address｜Director｜converg｜identifi｜Biolog｜basic｜Strategi｜consortium｜investig｜creat｜particip｜BIO
5_NNI_NSF_2	nanomateri｜evalu｜detect｜plan｜exposur｜biolog｜support｜solicit｜worker｜specif｜competit｜advanc｜organ｜continu｜workshop

主题	主题词内容
5_NNI_NSF_3	agenc | industri | sensor | academia | particip | Innovat | initi | Industri | advanc | partnership | Initiat | busi | Corp | translat | Partnership
5_NNI_NSF_4	implic | product | food | consum | Duke | UCLA | continu | environ | safeti | regul | Environment | nanoparticl | nanomateri | academia | environment
5_NNI_NSF_5	risk | percept | activ | Engineer | annual | address | Converg | relationship | evolv | complex | multifacet | multipl | understood | factor | handl
5_NNI_NSF_6	involv | social | communiti | promot | Network | plausibl | deliber | anticipatori | framework | unifi | multipl | respons | NSE | foster | overarch
5_NNI_NSF_7	biosens | biolog | interfac | nanoscal | synthet | micro- | orient | confin | biomacromolecul | characterist | chemic | physic | predefin | nanomateri | multifunct
5_NNI_NSF_8	materi | solar | effici | energi | devic | address | manufactur | design | excess | cell | photovolta | improv | enhanc | fundament | aspect
5_NNI_NSF_9	workforc | educ | Solar | meet | silicon | creat | photovolta | futur | address | primari | solar | skill | Sustain | Energi | Quantum
5_NNI_NSF_10	Office | nanoscal | alloy | aluminum | high-strength | interrog | properti | ARLArmi | instrument | mission | ARL | intern | nanostructur | outcom | valu

2016—2017 年子时期主题关联图谱如图 2.27 所示。

从图 2.27 整体结构可以看出,2016—2017 年子时期科技规划文本中有关基金项目数据的核心主题词为 nanomaterial(纳米材料)、energy(能源研究)、nanoscale(纳米级制造)等,其中能源研究、纳米级制造、纳米材料等节点为关键节点,通过这几个核心研究内容串联起了该时期科技规划文本对基金项目规划的各个研究主题。

二、碳纳米管领域规划内容的研究主题识别结果

1.宏观视角下对碳纳米管领域规划的研究主题

2008—2017 年碳纳米管领域的规划内容主题困惑度计算结果如图 2.28 所示。

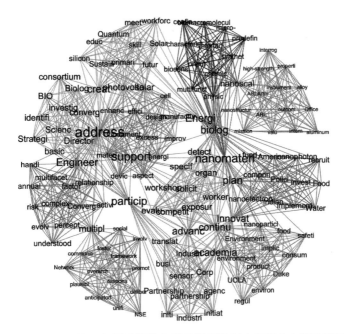

图 2.27　2016—2017 年子时期基金项目数据规划内容研究主题关联图谱

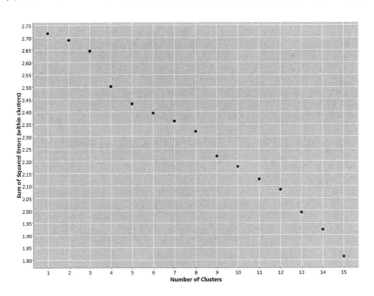

图 2.28　2008—2017 年碳纳米管领域规划困惑度计算结果

根据困惑度计算结果可以确定,当主题数为 4 的时候困惑度最低。所以在 LDA 主题识别参数设置时,将 No.of topics 的数值设置为 4。主题识别结果如表 2.15 所示。

表 2.15　2008—2017 年碳纳米管领域规划主题识别结果

主题	主题词内容
NNI_CNT_0	cabl | electron | space | power | conduct | memori | copper | wire | data | emphas | flight | aircraft | commerci | CNT-base | silicon
NNI_CNT_1	materi | improv | advanc | electr | thermal | potenti | manufactur | batteri | produc | continu | properti | Materi | initi | sourc | x-ray
NNI_CNT_2	oxid | silver | nanomateri | assess | graphen | product | environment | cell | solar | hazard | biolog | exposur | evalu | metal | volum
NNI_CNT_3	composit | continu | enhanc | growth | strength | superior | align | dampen | acoust | challeng | industri | reinforc | resin | support | optim

2008—2017 年碳纳米管领域的规划内容主题关联图谱如图 2.19 所示。

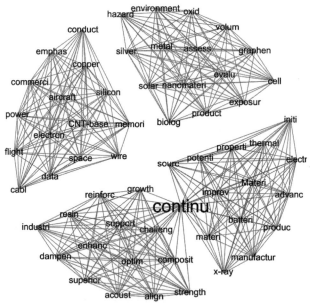

图 2.29　2008—2017 年子时期碳纳米管领域规划主题关联图谱

从上图整体结构可以看出,2008—2017年科技规划文本中有关碳纳米管领域的主题聚合情况较好,但不同主题的关联性很弱,无核心主题词,可以看出该十年中科技规划文本对碳纳米管领域的主要规划研究方向为electron(碳纳米管的导电性)、composite(复合材料)、battery(电池)、nanomateria(纳米材料),至于每个子时期的情况,在子时期中详细解读。

2. 微观视角下对碳纳米管领域规划的研究主题

然后,利用同样的方法分别计算2008—2009年,2010—2011年,2012—2013年,2014—2015年,2016—2017年五个子时期数据Elbow Method困惑度,并进行LDA主题识别。

①2008—2009年子时期:主题困惑度计算结果如图2.30所示。

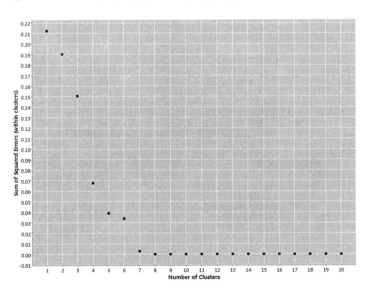

图2.30　2008—2009年子时期碳纳米管领域规划困惑度计算结果

由此可以发现4个主题困惑度最低,因此对于2008—2009年子时期碳纳米管领域规划内容进行LDA主题识别时,No.of topics的数值设置为4,此时可以取得整个数据集最准确的主题识别结果。该子时期主题识别结果如表 2.16 所示。

表 2.16 2008—2009 年子时期碳纳米管领域规划主题识别结果

主题	主题词内容
1_NNI_CNT_0	ablat丨risk丨system丨protect丨spacecraft丨next-gener丨intend丨phenol丨fo-cus丨Ames丨single-wal丨armchair丨conduct丨laser丨investig
1_NNI_CNT_1	nanoscal丨conduct丨materi丨gold丨silver丨multiwal丨fulleren丨dot丨quantum丨oxid丨zinc丨dioxid丨titanium丨class丨toxicolog
1_NNI_CNT_2	molecul丨organ丨assembl丨surfac丨structur丨devic丨nanometer-scal丨optim丨biosensor丨chemic丨electrod丨display丨panel丨flat丨applic
1_NNI_CNT_3	materi丨manufactur丨potenti丨marketplac丨requir丨meet丨uniform丨produc丨enabl丨content丨catalyst丨residu丨Materi丨Refer丨coordin

2008—2009 年子时期主题关联图谱如图 2.31 所示。

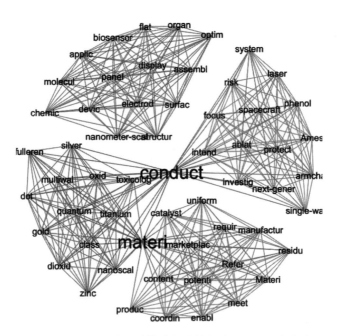

图 2.31 2008—2009 年子时期碳纳米管领域规划困惑度计算结果

从图 2.31 整体结构可以看出,2008—2009 年子时期科技规划文本中有关碳纳米管领域的核心主题词有 material(材料科学)、toxicology(毒理研究)等,边缘主题词有 devic(设备)、electrod(导电性)、biosensor(生物传感器)等,其中材料科学与毒理研究等节点为关键节点,通过这几个核心研究内容串联起了该时期科技规划文本对碳纳米管领域规划的各个研究主题。

② 2010—2011 年子时期:主题困惑度计算结果如图 2.32 所示。

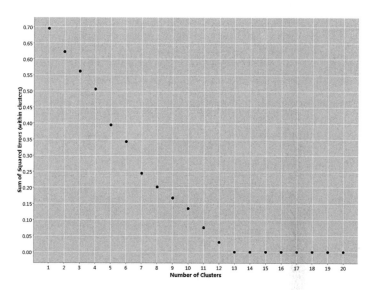

图 2.32　2010—2011 年子时期碳纳米管领域规划困惑度计算结果

由此可以发现 5 个主题困惑度最低,因此对 2010—2011 年子时期碳纳米管领域规划内容进行 LDA 主题识别时,将 No.of topics 的数值设置为 5,此时可以取得整个数据集最准确的主题识别结果。该子时期主题识别结果如表 2.17 所示。

表 2.17　2010—2011 年子时期碳纳米管领域规划主题识别结果

主题	主题词内容
2_NNI_CNT_0	electron｜conduct｜data｜batteri｜space｜cell｜evalu｜storag｜convert｜panel｜yarn｜compon｜power｜memori｜copper
2_NNI_CNT_1	heat｜transport｜har｜weight｜box｜suppress｜strut｜support｜space｜revolution｜power｜low｜engin｜switch｜nanoelectromechan
2_NNI_CNT_2	platform｜sens｜partner｜industri｜continu｜multimod｜Advanc｜batteri｜lithium-ion｜materi｜anod｜carbon-nanotube-bas｜interfac
2_NNI_CNT_3	emphas｜improv｜solar｜metal｜commerci｜select｜risk｜offer｜Li-ion｜safeti｜addit｜electrod｜dot｜quantum｜arsenid
2_NNI_CNT_4	higher-effici｜quartz｜topic｜energi｜devic｜CNT-base｜consumpt｜power｜speed｜4-Mbit｜model｜carrier｜charg｜electron｜foundri

2010—2011 年子时期研究主题关联图谱如图 2.33 所示。

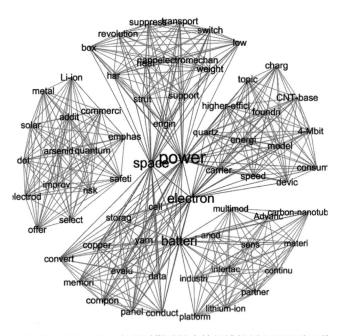

图 2.33　2010—2011 年子时期碳纳米管领域规划主题关联图谱

从图 2.33 整体结构可以看出,2010—2011 年子时期科技规划文本中有关碳纳米管领域的核心主题词有 power(能量)、electron(导电性)、battery(电池)等,其中能量和导电性节点为关键节点,通过这几个核心研究内容串联起了该时期科技规划文本对碳纳米管领域规划的各个研究主题,说明该时期主要的努力方向为碳纳米管在新能源、电池材料以及半导体相关方面的研究。

③ 2012—2013 年子时期:主题困惑度计算结果如图 2.34 所示。

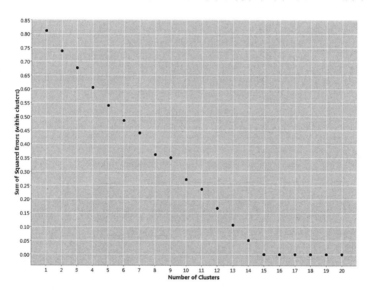

图 2.34 2012—2013 年子时期碳纳米管领域规划困惑度计算结果

由此可以发现 8 个主题困惑度最低,因此对 2012—2013 年子时期碳纳米管领域规划内容进行 LDA 主题识别时,将 No.of topics 的数值设置为 8,此时可以取得整个数据集最准确的主题识别结果。该子时期主题识别结果如表 2.18 所示。

表 2.18　2012—2013 年子时期碳纳米管领域规划主题识别结果

主题	主题词内容
3_NNI_CNT_0	growth | yarn | sheet | densiti | align | critic | properti | continu | Office | Reconnaiss | Nation | enhanc | increas
3_NNI_CNT_1	thermal | electr | channel | water | biomimet | creat | investig | chemic | mechan | properti | sensor | consumpt | power | data | resist
3_NNI_CNT_2	nanomateri | propel | engin | safe | foster | consum | relev | releas | seek | friend | environment | yield | hydrazin | toxic | elimin
3_NNI_CNT_3	strength | superior | composit | dampen | acoust | enhanc | resin | challeng | materi | micromet | measur | structur | core | honeycomb | world
3_NNI_CNT_4	cabl | cell | coaxial | epitheli | human | divis | disrupt | anim | laboratori | pulmonari | demonstr | behavior | biolog | breakthrough | publish
3_NNI_CNT_5	advanc | sourc | x-ray | nanoscal | improv | prototyp | screen | image-bas | led | emitt | continu | demonstr | explos | detect | trace
3_NNI_CNT_6	detector | infrar | uncool | ultra-lightweight | substrat | semiconductor | silicon | junction | grade | electron | array | uniform | creation
3_NNI_CNT_7	product | clay-bas | oxid | cerium | dioxid | titanium | silver | potenti | widespread | volum | concern | regulatori | hazard | composit | nanocomposit

2012—2013 年子时期研究主题关联图谱如图 2.35 所示。

从图 2.35 整体结构可以看出,2012—2013 年子时期科技规划文本中有关碳纳米管领域的核心主题词有 nanoscale(纳米级制造)、composite(复合材料)、property(碳纳米管性能)等,边缘主题词有 electrod(导电性)、nanomaterial(纳米材料)、environment(环境科学)等,其中纳米级制造和复合材料等节点为关键节点,通过这几个核心研究内容串联起了该时期科技规划文本对基金项目规划的各个研究主题。

④ 2014—2015 年子时期:主题困惑度计算结果如图 2.36 所示。

由此可以发现 4 个主题困惑度最低,因此对 2014—2015 年子时期碳纳米管领域规划内容进行 LDA 主题识别时,将 No.of topics 的数值设置为 4,此时可以取得整个数据集最准确的主题识别结果。该子时期主题识别结果如表 2.19 所示。

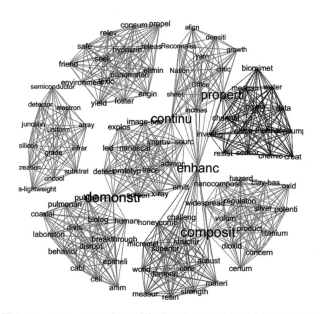

图 2.35　2012—2013 年子时期碳纳米管领域规划主题关联图谱

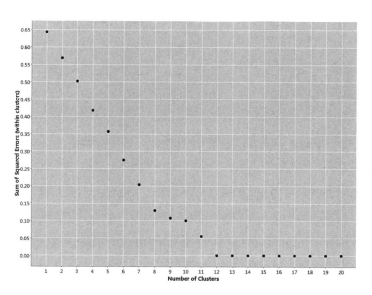

图 2.36　2014—2015 年子时期碳纳米管领域规划困惑度计算结果

表 2.19　2014—2015 年子时期碳纳米管领域规划主题识别结果

主题	主题词内容
4_NNI_CNT_0	cabl | continu | protect | ultralightweight | power | commerci | conduct | superior-strength | enhanc | superior | composit | find | vessel | flight-test | design
4_NNI_CNT_1	align | improv | achiev | cabl | conduct | system | environment | biolog | fate | locat | track | 14C-label | util | pressur | fuel
4_NNI_CNT_2	addit | Space | aerospac | batteri | ion | lithium | manufactur | strength | composit | optim | tackl | continu
4_NNI_CNT_3	composit | build | Mission | applic | reinforc | agenc | univers | nano-resin | Academia | aircraft | lightn | shield | interfer | creat | commerci

2014—2015 年子时期研究主题关联图谱如图 2.37 所示。

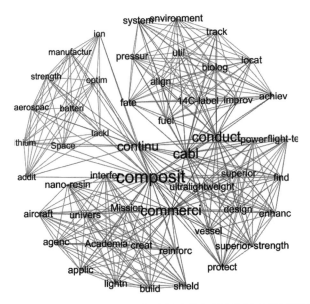

图 2.37　2014—2015 年子时期碳纳米管领域规划主题关联图谱

从图 2.37 整体结构可以看出,2014—2015 年子时期科技规划文本中有关碳纳米管领域的核心主题词有 composite(复合材料)等,边缘主题词有 environment(环境科学)等,其中复合材料等节点为关键节点,通过这几个核心研究内容串联起了该时期科技规划文本对基金项目规划的各个研究主题。

⑤ 2016—2017 年子时期:主题困惑度计算结果如图 2.38 所示。

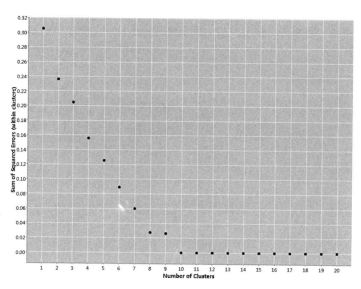

图 2.38 2016—2017 年子时期碳纳米管领域规划困惑度计算结果

由此可以发现 2 个主题困惑度最低,因此对 2016—2017 年子时期碳纳米管领域规划内容进行 LDA 主题识别时,将 No.of topics 的数值设置为 2,此时可以取得整个数据集最准确的主题识别结果。该子时期主题识别结果如表 2.20 所示。

表 2.20 2016—2017 年子时期碳纳米管领域规划主题识别结果

主题	主题词内容
5_NNI_CNT_0	composit∣silver∣materi∣releas∣industri∣form∣exposur∣potenti∣nano-materi∣Materi∣electron∣address∣collabor∣lightweight∣flight
5_NNI_CNT_1	graphen∣growth∣oxid∣discret∣protocol∣auspic∣decreas∣product∣scale∣abil∣imped∣synthesi∣impact∣defici∣characterist

2016—2017 年子时期研究主题关联图谱如图 2.39 所示。

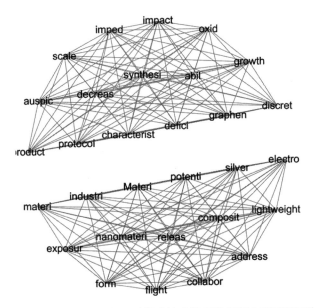

图 2.39　2016—2017 年子时期碳纳米管领域规划主题关联图谱

从上图整体结构可以看出,2016—2017 年子时期科技规划文本中有关碳纳米管领域只有两个主题,各主题聚合情况较好,但无关联主题词,两个主题分别是碳纳米管的各种属性的研究和碳纳米管在材料科学中的研究。

本章以美国 NNI 科技规划文本近 10 年(2008—2017)数据为数据源,经过匹配提取出有关 NSF 的文本和有关碳纳米管领域的文本,利用 Elbow 主题困惑度计算方法计算出研究前沿主题困惑度,得到最优主题数量,然后采用 LDA 模型识别出整体数据集和不同年份切片数据集合的研究主题,通过主题词共现计算,利用 Gephi 构建出研究前沿主题关联图谱,识别出蕴含在规划文本中的研究前沿主题。

第 三 章
基于基金项目数据的研究前沿主题识别

本章以美国 NSF 资助的碳纳米管领域基金项目近 10 年（2008—2017）数据为数据源，经过词干提取、停用词过滤等预处理后，生成 BOW 词袋模型，经过 Elbow 主题困惑度计算后，得到最优主题数量，然后采用 LDA 模型识别出整体数据集和不同年份切片数据集合的研究主题，根据项目资助强度、LDA 主题强度、资助时长等指标构建基于基金项目数据的热点研究前沿、新兴研究前沿等不同类型研究前沿识别模型，利用余弦文本相似度计算模型计算不同时期主题间的演化关系，采用 Sankey Diagram 可视化技术展示其主题演化规律，揭示未来发展趋势。

第一节 基 金 项 目

世界上具有较高影响力的基金有中国国家自然科学基金（National Natural Science Foundation of China）、美国科学基金（National Science Foundation）、爱尔兰科学基金（Ireland Science Foundation）、捷克科学基金（Czech Science Foundation）、欧洲科学基金（European Science Foundation）等。在我国，一般特指中国国家自然科学基金。此外，各省区亦常有相应级别的自然科学基金设立。

中国国家自然科学基金根据国家发展科学技术的方针、政策和规划，有效运用国家自然科学基金，支持基础研究，坚持自由探索，发挥导向作用，发现和培养科学技术人才，促进科学技术进步和经济社会协调发展。

美国国家科学基金会(National Science Foundation,NSF)是美国科学界学术水平最高的四大学术机构(另外三大机构为:美国国家科学院、美国国家工程院、美国国家医学院)之一,于1950年成立,作为一个独立的联邦政府机构,它的主要任务是通过资助基础研究与教育,促进科学进步,国家繁荣,对美国战后的科技快速发展,跃居为世界超级强国功不可没,一直是美国科学事业发展的标尺之一。

美国国家科学基金通过探索在天文学、地质学和动物学等领域的研究前沿,使美国在此领域保持国际领先地位。为实现此目的,除了资助传统学术研究外,NSF也会对具有"高风险,高回报"的研究进行支持。例如资助那些看似科幻小说般的众多项目及其所带来的新颖的合作,但这些资助会在未来得到大众的认可。在任何情况下,NSF都会确保研究与教育完全融合,以便今天的革命性成果有助于培养明天的顶尖科学家和工程师。

第二节　基于基金项目数据的研究前沿主题识别思路与方法

本章以美国NSF资助的碳纳米管领域基金项目近10年(2008—2017)数据为数据源,利用LDA主题模型识别出研究前沿主题,提出一种主题关联构建分析方法分析不同主题之间的相互联系,利用资助强度、主题强度以及资助新颖度等指标判别新兴研究前沿主题以及热点研究前沿主题。

图3.1描述了基于LDA模型的主题识别与关联构建分析的基本框架。

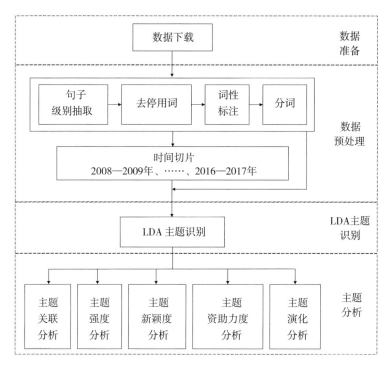

图 3.1　基于 LDA 模型的主题识别与关联构建分析方法的基本框架

第一步:数据准备。确定研究领域的检索式,登录美国国家科学基金会(National Science Foundation,NSF)官网,下载其资助的基金项目数据(后文简称 NSF 基金项目数据)。

第二步:数据预处理。对第一步获取的 NSF 基金项目数据进行句子级别抽取、去除停用词、词性标注、分词等处理,并进行时间切片为后续研究提供支持。

第三步:基于 LDA 模型的主题识别。利用 KNIME 实验平台的 LDA 主题模型模块对文本数据进行建模分析,识别 NSF 基金项目数据中蕴含的研究主题。

第四步:主题关联构建与主题特征分析。基于主题内的主题词共现,利用可视化技术对第三步识别出的研究主题进行主题网络构建。

分析主题强度、资助强度以及新颖度等。

主题识别方法仍然采用 LDA 主题识别模型,主题困惑度计算方法为 Elbow,主题关联分析方法见第二章。

一、主题强度分析

统计 LDA 主题识别出包含的基金项目数量,可以反映每个主题的研究强度。如果主题强度高则说明该研究主题布局项目数量多,具有较高的研究热度。本书计算主题强度的公式如下:

$$T_s = \sum_{i=1}^{n} p_i \qquad (3-1)$$

其中:

T_s:表示主题 s 的主题强度

n:表示主题 s 内的基金项目总数量

p_i:表示主题 s 内的第 i 个项目

二、主题新颖度分析

通过统计分析 LDA 主题内包含基金项目的批准立项年份信息,可以看出每个主题的新颖性。如果某个主题内批准立项年份越新,则说明该研究主题具有更高的新颖性。本书计算主题新颖度的公式如下:

$$N_s = \frac{\sum_{i=1}^{n} y_i}{n} \qquad (3-2)$$

其中:

N_s:表示主题 s 的新颖度

n:表示主题 s 内基金项目数量

y_i:表示第 i 个基金项目的批准立项年

三、主题资助力度分析

通过统计分析 LDA 主题内包含基金项目的资助力度信息,可以看

出每个主题的重要程度。某个主题内项目资助力度越大,则说明该研究主题具有更高的重要程度。本书计算主题资助力度的公式如下:

$$I_s = \sum_{i=1}^{n} c_i \tag{3-3}$$

I_s:表示主题 s 的资助力度

n:表示主题 s 内基金项目数量

$c_{i:}$ 表示第 i 个基金项目的资助额度

四、主题演化分析

主题演化分析是利用文献特征项之间的关联关系对文献集合进行分析,在此基础上通过不同阶段主题分析揭示文献集合中蕴涵的内容,从而了解当前学科领域的研究前沿、热点和预测未来发展趋势。[1] 目前,主题演化分析模型具有一定的局限性,表现为侧重于时序主题识别,主要从单一维度进行演化分析,对主题演化的复杂过程分析不足。比如基于 LDA 模型的主题演化分析,主要通过构建主题强度折线图分析主题强度的演化趋势;基于社区网络演化计量模型的主题演化分析,侧重于构建知识地图和科学知识图谱分析社区网络结构的形态变化,通过对社区网络进行时间窗口划分,以分析研究主题的演化过程识别研究热点与趋势。

针对目前研究中的不足,一些学者提出了相应的解决方法。2005年,Le.Minh-Hoang 等提出了主题提及频率、引用权重、引用量、影响力、作者声誉和期刊重要程度等 6 个属性值测度研究主题的受关注程度及有用性[2];在此基础上,2008 年殷蜀梅提出了一套适用于不同分析项目

---

① 王莉亚:《主题演化研究进展》,《情报探索》2014 年第 4 期。

② Le Minh-Hoang, Ho Tu-Bao, Nakamori Y., " Detecting emerging trends from scientific corpora", *International Journal of Knowledge and Systems Sciences*, 2005, 2 (2):63–69.

的评估指标体系。[①] 2012 年,包成名等以 CSSCI 中技术经济与管理文献信息为数据源,利用可视化工具从研究热点、主题演化、方法演化三个维度,分别构建学科研究的知识地图,进行知识创新演化研究。[②] 2012 年,Tu Yining 等提出了新颖指数(NI)和已发表量指数(PVI)两个新型指标,以此来判断主题演化状态,分析研究现状和识别前沿主题。[③] 2013 年,程齐凯等利用共词网络社区的方法将科研主题的演化分为 6 种类型,分别为产生、消亡、分裂、合并、扩张与收缩,在此基础上,利用 Z-value 算法和社区相似度算法,构建了一个科研主题演化分析模型。[④] 2014 年,范云满等提出了基于 LDA 模型的混合式新兴主题判断指标体系,以改进基于动态主题模型的主题演化分析的不足,包括新颖度、发文量和被引量等指标。[⑤] 2015 年,黄鲁成等为了分析研究主题演化过程识别新兴主题,提出了基于高关注度、高成长潜力度和高关联度指标的文献多属性测度模型。[⑥] 总的来说,主题演化分析相关研究分析维度相对单一,没有形成系统的分析模型,不能从多维度充分展现主题演化的复杂过程。

　　主题演化分析方法发展到现在已经有半个世纪的历史,研究人员对某一研究领域或某一学科的主题演化分析不再只是停留在文本、数

---

① 殷蜀梅:《判断新兴研究趋势的技术框架研究》,《图书情报知识》2008 年第 5 期。

② 包成名、宗乾进、袁勤俭:《技术经济与管理学科研究热点、主题及方法演化——基于信息可视化的学科知识图谱构建》,《信息资源管理学报》2012 年第 3 期。

③ Tu Yining,Seng Jialang, "Indices of novelty for emerging topic detection", *Journal of Information Processing and Management*, 2012, 48(2): 303–325.

④ 程齐凯、王晓光:《一种基于共词网络社区的科研主题演化分析框架》,《图书情报工作》2013 年第 8 期。

⑤ 范云满、马建霞:《基于 LDA 与新兴主题特征分析的新兴主题探测研究》,《情报学报》2014 年第 7 期。

⑥ 黄鲁成、唐月强、吴菲菲等:《基于文献多属性测度的新兴主题识别方法研究》,《科学学与科学技术管理》2015 年第 2 期。

据层面的处理分析上,而是逐渐进入可视化层面,通过可视化技术将某学科领域的研究现状、研究热点、研究前沿和发展趋势形象直观地展现出来。可视化分析可以在学科主题识别基础上展现主题之间的关系,从而帮助人们更准确地把握信息的脉搏。主题演化可视化分析有助于增强用户的洞察力和认知,帮助其快速找到某学科领域的研究现状、研究热点和发展趋势等有用信息,并快速消化、理解信息,有效地分析海量信息。

　　主题演化可视化分析方法和相应科学知识图谱绘制软件的广泛传播,促进了大量相关研究的展开,众多专家学者利用可视化软件工具进行某学科领域的主题演化分析。2011 年,游毅等通过对 2000—2009 年我国信息生命周期领域的期刊论文的关键词进行处理,利用多维尺度和战略坐标图谱,分析我国信息生命周期领域的研究现状并对未来发展趋势进行了预测。[①] 2012 年,薛调等利用 CitespaceII 软件的主题演化图谱,分析了国内图书馆学科知识服务领域演进路径、研究热点与前沿。[②] 2014 年,李长玲等利用共词网络图分析了知识网络研究领域的主题演化情况。[③] 2014 年,孙静等利用 Neviewer 软件处理 22 种学报类医学期刊题录数据,分析了医学领域科研主题的演化情况。[④] 2016 年,祝娜等利用 SciMAT 软件进行了 3D 打印领域知识演化路径的构建研究。[⑤]

---

① 　游毅、索传军:《国内信息生命周期研究主题与趋势分析——基于关键词共词分析与知识图谱》,《情报理论与实践》2011 年第 10 期。
② 　薛调:《国内图书馆学科知识服务领域演进路径、研究热点与前沿的可视化分析》,《图书情报工作》2012 年第 15 期。
③ 　李长玲、刘非凡、魏绪秋:《基于 3-mode 网络的领域主题演化规律分析》,《情报理论与实践》2014 年第 12 期。
④ 　孙静、齐成凯、张雯:《基于 NEViewer 的医学科研主题演化可视化分析》,《中华医学图书情报杂志》2014 年第 10 期。
⑤ 　祝娜、王芳:《基于主题关联的知识演化路径识别研究——以 3D 打印领域为例》,《图书情报工作》2016 年第 5 期。

目前主题演化可视化分析方法主要基于某一可视化软件(UciNet、SciMAT、CiteSpace、SPSS 等)进行单一维度的主题演化可视化分析,比如利用 UciNet 生成社会网络图能够展示主题分布及其联系,但是无法展示主题强度演化等情况;利用 SciMAT 生成战略坐标图能够展示主题间联系、结构和演化路径,但是无法展示内部主题词的微观变化情况,无法准确、有效地判定前沿、热点主题及其发展趋势,以满足用户的细粒度信息需求等。

综上所述,目前主题演化分析模型的分析维度相对单一,没有形成系统的分析模型,不能从多维度充分展现主题演化的复杂过程。某学科领域的研究主题演化是一个复杂过程,存在多种变量,比如主题强度、状态和演化路径等等,如果以单一维度进行分析,存在感知局限性、认知局限性等问题,所以从多个维度进行学科主题演化分析有助于提高分析效果。一系列时序主题之所以能够反映某个学科领域中的研究主题的演化趋势,是从多个方面来反映的,而不是仅仅限于主题热度、强度,目前主题演化分析往往忽略对主题演化状态、主题之间的融合、分裂和演化路径的分析,而这些正是主题演化分析的重点。

因此,为了探测分析近 10 年美国国家自然基金委员会资助的碳纳米管领域相关基金项目中蕴含的研究前沿主题及其发展趋势,本章节设计了一种基于主题强度、结构和内容(内部基本知识单元)多维的主题演化分析模型,并利用 Javascript 语言的 web 前端可视化技术分别研究设计了与之相契合的创新性可视化图谱以实现该模型,以帮助判定研究前沿主题并分析其发展演化趋势。

(1)多维主题演化分析模型构建。

目前主题演化分析相关研究中认为影响主题演化分析的主要因素有四个:时间、主题强度、主题结构、主题内容(内部基本知识单元)。

其中,时间因素是基础,在学科主题演化分析中,必须加上时间维度,才能准确表达出主题强度、结构和内容的演化过程。

　　主题强度、结构和内容因素是主体,是学科主题演化分析的三个主要维度,综合测度这三个因素可以对学科主题演化过程进行全面、系统、准确的分析,揭示学科主题的生命周期动态演化全过程。基于上述影响因素,本书提出多维度视角下的研究前沿主题演化分析模型,如图3.2所示,下面对其进行详细说明。

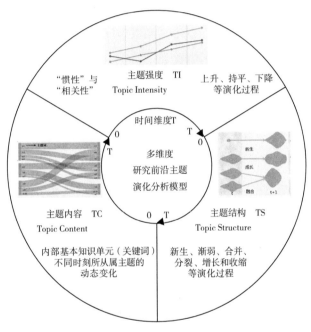

图 3.2　多维度研究前沿主题演化分析模型

　　(2)主题强度维度。

　　主题强度(Topic Intensity),是指研究主题所拥有的关注度、研究热度,可通过主题词频次、发文量、被引量等指标进行测度。本书中通过主题内部关键词总频次表征学科主题强度。

　　由于本书识别出的研究主题是由一组关键词组成,因此本书将主题强度定义为主题内部关键词的总频次,计算公式为:

$$TI = \sum_{i=1}^{n} Pw_i \qquad\qquad (3-4)$$

其中,

TI:代表主题强度(Topic Intensity);

Pw_i:代表主题 T 中词 w 分布概率;

$\sum_{i=1}^{n} Pw_i$:代表主题内部主题词分布概率之和,通过计算各个时间段不同主题内部主题词分布概率之和以表征各个主题的强度。

学科主题强度演化过程定义如下。

定义1:学科主题强度演化具有"惯性"与"相关性",即学科主题强度时间序列变化发展具有延续性并且是相互联系的,一定时期内存在可预测的发展变化规律。

定义2:某学科领域同一主题在不同的时间段(t→t+1)具有不同的强度,不同时刻的主题强度值可以构成时间序列,会发生上升、持平、下降等演化过程。

(3)主题结构维度。

主题结构(Topic Structure),是指学科主题内各个部分之间的联系、层级、分布和相互影响,可通过度中心性(Degree Centrality)、向心度(Centrality)、密度(Density)等指标进行测度。[1] 本书通过主题内部各关键词节点的中心度表征学科主题结构。

由于本书识别出的研究主题是由关键词共词网络表示,因此通过主题内部关键词的度中心性来测度,参考度中心性测量公式[2],定义本

---

[1] 戴维·诺克、杨松:《社会网络分析》,上海人民出版社2012年版,第103—104页。(Knock D.,Yang S.Social network analysis,Shanghai:Shanghai people's Publishing House,2012:103-104.)

[2] Callon M.,Courtial J.P.,Laville F.,"Co-word analysis as a tool for describing the network of interactions between basic and technological research:the case of polymer chemistry",*Scientometrics*,1991,22(1):155-205.

书中主题结构表征公式为:

$$TS = \sum_{i=1}^{n} C_D(w_i), C_D(w_i) = \sum_{i=1}^{g} w_{ij}(i \neq j) \qquad (3-5)$$

其中,

$C_D(w_i)$:代表主题词度中心性;

$\sum_{i=1}^{g} w_{ij}(i \neq j)$:代表计算某主题内部主题词 i 与其他 g-1 个 j 主题词(i≠j,排除 i 与自身的联系)之间的直接联系的数量;

$\sum_{i=1}^{n} C_D(w_i)$:代表计算主题内部主题词的标准化度中心性之和,以直观测度主题结构。

2007 年,Palla 等在《自然》(*Nature*)杂志上发表文章探索社群(复杂网络)演化过程,将复杂网络演化过程分为新生、消亡、合并、分裂、增长和收缩六种。[①] 参考、借鉴 Palla 等的定义,鉴于本书识别出的学科主题具有明显的语义角色特征,将学科主题结构演化过程定义如下。

定义 3:主题结构在不同的时间段(t→t+1)会发生新生、消亡、合并、分裂、增长和收缩六种演化过程。

(4)主题内容维度。

主题内容(Topic Content),是指学科主题的内部基本知识单元,可通过主题词、关键词等进行表示。本书通过关键词表征学科主题的内部基本知识单元。

本书识别出的学科主题内部基本知识单元是由关键词表示,因此,定义本书中主题内容表征公式为:

[①] Palla G., BARABáSI A.L., Vicsek T., "Quantifying social group evolution", *Nature*, 2007,446(7136):664-667.

$$TC = \{w_1, w_2, w_3 \cdots\cdots w_n\} \tag{3-6}$$

其中,

w_n 表示主题中第 n 个主题词。

学科主题内容演化,是学科主题整体结构演化分析的进一步深化,即学科核心研究问题、主要研究方法和关键技术主题内部基本知识单元(关键词)在不同时刻所从属的主题的动态变化情况。学科主题内容演化过程定义如下。

定义4:主题内部基本知识单元在不同的时间段($t \to t+1$),会发生新生、消亡、转移、稳定等动态变化情况。

TimeTube、ThemeRiver 等主题演化可视化分析方法构建了一条按照时间顺序演变的研究主题路径,可以展示研究前沿主题的时序演化脉络和发展趋势。

目前主题演化可视化主要试图通过某一种可视化方案展示学科主题演化的复杂过程,存在感知存在局限、信息负荷过大、展示不够深入等问题。本书利用 web 前端可视化技术,基于主题演化分析模型行可视化设计,尝试剖析主题演化的复杂过程,以期提高学科主题演化分析的深度、准确度,以帮助准确识别研究前沿主题。

(1)主题强度演化可视化设计。

利用主题强度计算公式(3-4)计算具有演化关系的学科主题强度 TI,构建学科主题强度时间序列。时间序列是将某种统计指标的数值按时间先后顺序排列所形成的数列,通过编制和分析时间序列,根据时间序列所反映出来的发展过程、方向和趋势,进行类推或者延伸,可以预测下一段时间或以后若干年内可能达到的水平。

为了展示不同语义角色的学科主题强度演化的过程,本书研究设计了主题强度演化折线图,可以用来展示学科主题演化复杂过程中的主题强度演化过程及其趋势,主题强度演化折线图基本元素设计,如

图 3.3 所示。

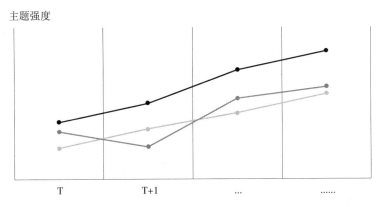

图 3.3　主题强度时间序列演化图设计

注:横坐标代表时间;纵坐标代表主题强度;折线颜色代表主题。

与目前研究中提出的主题强度演化图相比,本书中主题强度演化折线图并无实质性突破,但是主题强度演化折线图是分析主题强度变化最有效的图谱方式之一,因此,作为多维度中的一维是可行有效的。

(2)主题结构演化可视化设计。

为展示主题结构演化的复杂过程,本书基于 Javascript 语言的 web 前端可视化技术,对主题结构演化进行可视化设计。

利用主题结构测度公式(3-5),分别计算各个学科主题结构数值 *TS*,然后数据转换,以便为 Javascript 语言"理解",为学科主题结构演化可视化奠定数据基础。数据转换是学科主题结构演化可视化非常重要的一步,即将模型数据 *TS* 转换为可视化数据,学科主题结构数据转换过程,见表 3.1:

表 3.1 学科主题结构演化图谱设计代码片段

学科主题结构演化图代码节选:度中心性数据转换

series:[
　　　{
"name":"主题结构",
"data":[
　　　{
"name":"$Topic_i[character]$",
"weight":$TS=\sum_{i=1}^{n}C_D(W_i)$,//$Topic_i$的 TS 值
　　　}
　　　]

完成数据转换后,首先通过函数 $legend:\{data:['研究问题','研究方法','研究技术与工具']\}$定义学科主题结构演化图的语义角色。然后通过函数 $xAxis:\{type:'time',boundaryGap:[t,t+1]\}$定义图谱横坐标轴的时间维度。

以 t→t+1 时间窗口的主题结构演化的 6 种基本演化过程为例,进行主题结构演化可视化设计,具体代码过长不再列举,结果如图 3.4 所示:

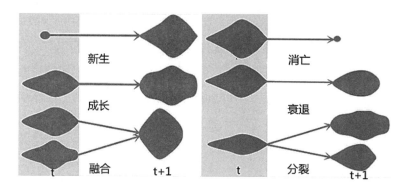

图 3.4 主题结构演化过程设计

注:气泡代表主题;气泡大小代表主题整体结构(由内部关键词的标准化度中心性测度);连线代表主题演化方向,粗细代表学科主题结构相似度大小。

如果给定 t 时间段的主题 $Topic_i$ 和 t+1 时间段的主题 $Topic_j$ 相似度 $sim(Topic_i, Topic_j) >$ 阈值$_{TS}$，认为 $Topic_i$ 和 $Topic_j$ 具有主题结构演化关系，令 $Color(Topic_j) = Color(Topic_i)$，$ArrowLine(Topic_i, Topic_j) =$ 阈值$_s$。其中，$Topic_i$ 和 $Topic_j$ 表示相邻子时期的主题；$sim(Topic_i, Topic_j)$ 代表两者相似度值；$Color(Topic_j)$ 和 $Color(Topic_i)$ 代表主题气泡的颜色；$ArrowLine(Topic_i, Topic_j)$ 代表两个主题连线的粗细，由相似度大小确定。

与目前研究中的学科主题结构演化可视化图相比，本书提出的学科主题结构演化可视化方案，能够直观展示学科主题结构的新生、消亡、合并、分裂、增长和收缩 6 种演化过程，能够满足细粒度、针对性的主题结构演化可视化分析需求。

（3）主题内容演化可视化设计。

本书基于 Javascript 语言的 web 前端可视化技术，利用桑基图（Sankey Diagram）模型①对主题内容演化进行可视化设计。

桑基图（Sankey Diagram），即桑基能量分流图，也叫桑基能量平衡图。它是一种特定类型的流程图，图中延伸的分支的宽度对应数据流量的大小，通常应用于能源、材料成分、金融等数据的可视化分析。因 1898 年 Matthew Henry Phineas Riall Sankey 绘制的"蒸汽机的能源效率图"而闻名，此后便以其名字命名为"桑基图"。

利用主题内容测度公式（3-6），分别计算各个主题内容 TC，然后进行数据规范化处理，以便为 Javascript 语言"理解"，为学科主题内容演化可视化奠定数据基础。模型数据 TC 转换为可视化数据过程，见表 3.2：

---

① *Sankey Diagrams*，[2018-06-10]，http://www.sankey-diagrams.com/.

表 3.2　主题内容演化图谱设计代码片段:节点与连接数据转换

主题内容演化图谱设计代码片段:节点与连接数据转换

```
var data = {
        ‘nodes’:[
        {name:"w_1"},
        {name:"w_2"},
        {name:"w_3"},
        {name:"w_n"},
        ],//TC={w_1,w_2,w_3……w_n},通过数据规范化处理,将TC、概率
数据分别转换为节点数据和连接数据。
        ‘links’:[
        {source:w_1,target:w_1,value:主题概率},
        {source:w_2,target:w_2,value:主题概率},
        {source:w_3,target:w_3,value:主题概率},
        {source:w_n,target:w_n,value:主题概率},
            ]
    };
```

完成数据转换后,定义学科内容演化图谱布局,通过 $nodeWidth$ (i)、$nodePadding$ (j)、$size$ ([$width$,$height$])、$nodes$ ($data.nodes$)、$links$ ($data.links$) 等函数分别定义图谱的中的节点(元素块)宽度、节点(元素块)高度、图谱宽高、节点数组(TC 数据)、连接数组。

以 t→t+1 时间窗口代表主题 Topic1、Topic2 和 Topic3 的演化情况为例,进行主题内容演化可视化设计,结果如图 3.5 所示:

目前研究中的主题内容演化可视化图相比,本书提出的主题内容演化可视化方案,除了能够直观展示研究主题内部基本知识单元的动态变化,还可以单独展示研究前沿主题核心研究问题、主要研究方法和关键技术主题内部基本知识单元在不同时刻所从属的主题的动态变化情况,能够满足深度主题演化可视化分析需求。

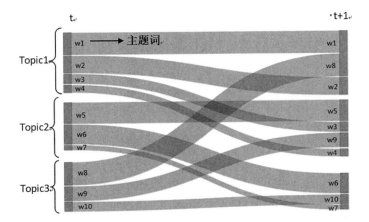

图 3.5　学科主题内容演化基本图谱元素设计

注:元素块(w1,w2,w3 等)代表主题词;连线代表主题词所从属主题的变化情况;由左至右代
表时间 t 的增长,为演化图谱增加时间维度;元素块大小代表主题词的权重(概率分布),
即在主题中的重要程度;元素块的聚集代表主题。

第三节　实　验

一、实验环境

1. 硬件

Windows 7 系统(64 位),Intel(R)Xeon(R)CPU,4G RAM,500G

HardDrive。

2. 软件平台

KNIME、Sankey Diagram。

二、数据源

碳纳米管是一种特殊的纳米材料,具有重量轻、六边形结构连接完
美等特点。最早是日本电子公司(NEC)的饭岛博士在 1990 年发现、正

式命名的。[1] 碳纳米管是由石墨平面卷曲而成的管状材料并有单层与多层两种结构,具有优异的力学、电学和化学性能,在新型复合材料、超级电容器等电子元件、催化剂载体、燃料电池等领域具有良好的发展前景。

本书以美国国家科学基金会(National Science Foundation,NSF)所资助的碳纳米管相关基金项目数据为数据源,以期识别碳纳米管领域的研究前沿及其发展趋势。

检索 NSF 基金项目数据库:

数据检索式:Keyword = "carbon nanotube*";

检索范围:基金项目名称;

时间跨度:截至 2017 年 12 月 31 日;

检索结果:195 项;

检索日期:2018 年 7 月 20 日。

三、数据预处理

将检索到的基金项目数据划分到 5 个连续的子时期:

子时期 1:2008—2009 年;

子时期 2:2010—2011 年;

子时期 3:2012—2013 年;

子时期 4:2014—2015 年;

子时期 5:2016—2017 年。

各个子时期资助碳纳米管项目数据如下图所示,总体呈先下降后上升趋势,其中 2009 年资助的 39 项为最高值。

在 KNIME 平台上对各个子时期的数据集进行数据预处理。主要工作包括将获取的 195 篇基金项目文本进行格式转换、去除标点符号、数字剔除、过滤停用词、词干提取、构建词袋等步骤。由于标点符号高

---

① Iijima,Sumio,"Helical microtubules of graphitic carbon",*Nature*,354:56-58.

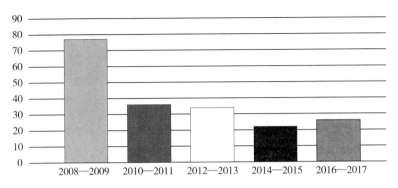

图 3.6 各个子时期资助基金项目数量

频次经常出现在科技文献中,但没有什么实际含义,占用大量文本空间,过滤停用词等能够有效提高主题识别的效率和准确度。

KNIME 平台上数据预处理基本流程如图 3.7 所示:

图 3.7 数据预处理步骤

四、实验过程与参数设置

1. 基于 LDA 模型的主题识别

利用 KNIME 的 LDA(Parallel Latent Dirichlet Allocation)主题识别模块进行主题识别时使用的主要参数有:

No.of topic:表示主题数;

No.of words per topic:表示每个主题的词数;

Alpha:表示狄利克雷分布(Dirichlet Distribution);

Beta:表示狄利克雷先验参数(Dirichlet Prior);

No.of iteration 表示迭代次数(一般需要 1000 次以上才能收敛,达到较好的效果);No.of thread:表示模型处理线程数。

本实验相关参数设置如下:

No.of topic 主题数：根据 Elbow 的主题困惑度计算结果，选取最优主题数量；

No.of words per topic：15；

Alpha：0.5；

Beta：0.1；

No.of iteration：2000；

No.of thread：8。

第四节　结　果　分　析

一、基金项目研究前沿主题识别

根据第二章 Elbow 主题困惑度计算方法，2008—2017 年 NSF 基金项目数据 Elbow 困惑度计算结果如图 3.8 所示：

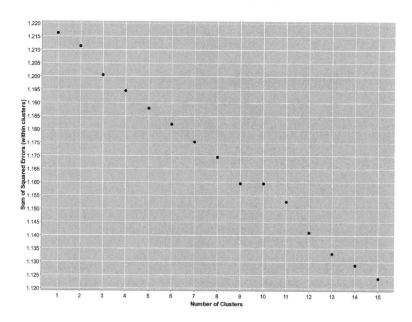

图 3.8　2008—2017 年 NSF 数据困惑度计算结果

根据困惑度计算结果可以确定,当主题数为9的时候困惑度最低。所以在 LDA 主题识别进行参数设置时,将 No.of topics 的数值设置为9,结果如表 3.3 所示。

表 3.3　2008—2017 年 NSF 数据主题识别结果

主题	主题词内容
topic_0	Surfac ｜ Catalyst ｜ Synthesi ｜ Activ ｜ Potenti ｜ Involv ｜ Challeng ｜ Growth ｜ Chemistri ｜ Investig ｜ Templat ｜ Function ｜ Separ ｜ Chiral ｜ Scalabl
topic_1	Membran ｜ Water ｜ Separ ｜ Cost ｜ Select ｜ Purif ｜ Industri ｜ Desalin ｜ Transport ｜ Product ｜ Perform ｜ Fuel ｜ Improv ｜ Impact ｜ Energi
topic_2	Materi ｜ Structur ｜ Properti ｜ Energi ｜ Polym ｜ Composit ｜ Mechan ｜ Manu-factur ｜ Thermal ｜ Contact ｜ Engin ｜ Electr ｜ Fiber ｜ Nanocomposit ｜ Impact
topic_3	Structur ｜ Electron ｜ Materi ｜ Properti ｜ Synthesi ｜ Growth ｜ Atom ｜ Support ｜ Control ｜ Simul ｜ Chemic ｜ Comput ｜ Chemistri ｜ Optic ｜ Tool
topic_4	Contamin ｜ Organ ｜ Environment ｜ Nanomateri ｜ Adsorpt ｜ Environ ｜ Behav-ior ｜ Water ｜ Dynam ｜ Effect ｜ Chemic ｜ Studi ｜ Structur ｜ Interact ｜ Impact
topic_5	Devic ｜ Electron ｜ Sensor ｜ Perform ｜ Commerci ｜ Transistor ｜ Sens ｜ Cost ｜ Fabric ｜ Array ｜ Phase ｜ System ｜ Power ｜ Busi ｜ Assembl
topic_6	Electron ｜ Devic ｜ Materi ｜ Fundament ｜ Studi ｜ Physic ｜ Interact ｜ Properti ｜ Measur ｜ Experi ｜ Approach ｜ Activ ｜ Electr ｜ Educ ｜ Investig
topic_7	Cell ｜ Field ｜ Coat ｜ Therapi ｜ Tissu ｜ Electr ｜ Actuat ｜ Function ｜ Cancer ｜ Tumor ｜ Impact ｜Propos ｜ Provid ｜ Effect ｜ Ceram
topic_8	Interconnect ｜ Industri ｜ Design ｜ Educ ｜ Adhes ｜ Architectur ｜ Combin ｜ Input ｜ Microprocessor ｜ Optim ｜ Align ｜ Experi ｜ Brthe ｜ Materi ｜ Address

然后,利用同样的方法分别计算 2008—2009 年,2010—2011 年,2012—2013 年,2014—2015 年,2016—2017 年五个子时期数据 Elbow 困惑度,并进行 LDA 主题识别。

2008—2009 年子时期:Elbow 主题困惑度计算结果如图 3.9 所示。

由此可以发现 6 个主题时困惑度最低,因此对 2008—2009 年子时期基金项目数据进行 LDA 主题识别时,将 No.of topics 的数值设置为6,此时可以取得整个数据集最准确的主题识别结果。该子时期主题识别结果如表 3.4 所示。

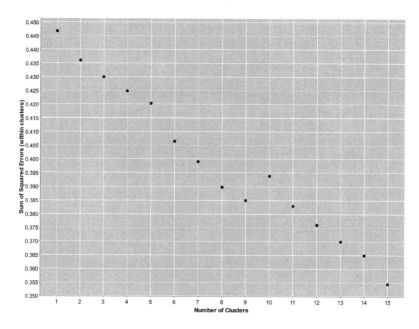

图 3.9　2008—2009 年子时期 NSF 数据困惑度计算结果

表 3.4　2008—2009 年子时期 NSF 数据主题识别结果

主题	主题词内容
topic_0	Properti ｜ Studi ｜ Polym ｜ Structur ｜ Mechan ｜ Materi ｜ Actuat ｜ Composit ｜ Electr ｜ Educ ｜ Crystal ｜ Minor ｜ Optic ｜ Growth ｜ Provid
topic_1	Synthesi ｜ Seed ｜ Regrowth ｜ Catalyst ｜ Templat ｜ Chiral ｜ Involv ｜ Diamet ｜ Growth ｜ Fiber ｜ Control ｜ Plasma ｜ Scalabl ｜ Chemic ｜ Particip
topic_2	Electron ｜ Perform ｜ Devic ｜ Commerci ｜ Thermal ｜ Phase ｜ Industri ｜ Conduct ｜ Busi ｜ Electr ｜ Sensor ｜ Impact ｜ Product ｜ Transfer ｜ Probe
topic_3	Membran ｜ Separ ｜ Transport ｜ Water ｜ Potenti ｜ Materi ｜ Effect ｜ Environ ｜ Nanomateri ｜ Soil ｜ Environment ｜ Impact ｜ Student ｜ Energi ｜ Product
topic_4	Energi ｜ Fabric ｜ Integr ｜ Engin ｜ Industri ｜ Interconnect ｜ Educ ｜ Investig ｜ Architectur ｜ Macro-Film ｜ Devic ｜ Deform ｜ Approach ｜ Supercapacitor ｜ Materi
topic_5	Cell ｜ Therapi ｜ Field ｜ Tissu ｜ Tumor ｜ Cancer ｜ Electr ｜ Provid ｜ Effect ｜ Investig ｜ Function ｜ Impact ｜ Biolog ｜ Damag ｜ Treat

2010—2011 年子时期:Elbow 主题困惑度计算结果如图 3.10
所示。

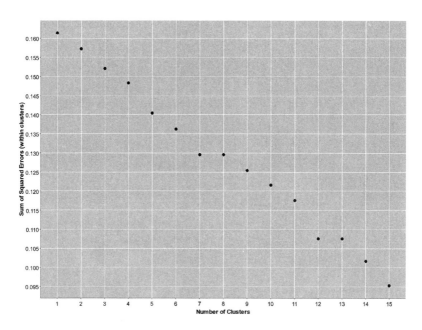

图 3.10　2010—2011 年子时期 NSF 数据困惑度计算结果

由此可以发现 5 个主题时困惑度最低,因此对 2010—2011 年子时
期基金项目数据进行 LDA 主题识别时,将 No.of topics 的数值设置为
5,此时可以取得整个数据集最准确的主题识别结果。该子时期主题识
别结果如表 3.5 所示。

表 3.5　2010—2011 年子时期 NSF 数据主题识别结果

主题	主题词内容
topic_0	Coat｜Ceram｜Function｜Catalysi｜Paper｜Nanocomposit｜Layer｜Catalyst｜Sinter｜Laser｜Gradient｜Support｜Surfac｜Impact｜Potenti
topic_1	Membran｜Water｜Fuel｜Low｜Energi｜Design｜Effici｜Reduc｜Increas｜Cost｜Desalin｜Permeabl｜Separ｜Requir｜Fabric

主题	主题词内容
topic_2	Educ ｜ Fundament ｜ Industri ｜ Integr ｜ Underrepres ｜ Adhes ｜ Scientif ｜ Approach ｜ Synthesi ｜ Agricultur ｜ Defect ｜ Activ ｜ Devic ｜ STEM ｜ Interdisciplinari
topic_3	Properti ｜ Electron ｜ Structur ｜ Nanostructur ｜ Transport ｜ Thermal ｜ Materi ｜ Mechan ｜ Graphen ｜ Measur ｜ Educ ｜ Hybrid ｜ Interact ｜ Growth ｜ Model
topic_4	Materi ｜ Structur ｜ Potenti ｜ Properti ｜ Composit ｜ Commerci ｜ Fiber ｜ Perform ｜ Product ｜ Electrod ｜ System ｜ Polym ｜ Devic ｜ Impact ｜ Manufactur

2012—2013 年子时期：Elbow 主题困惑度计算结果如图 3.11 所示。

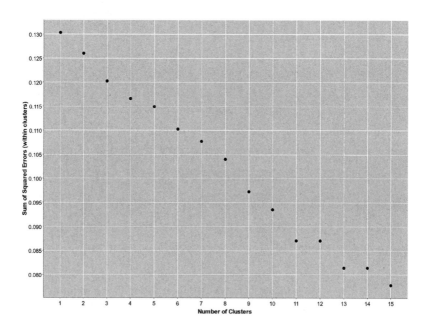

图 3.11　2012—2013 年子时期 NSF 数据困惑度计算结果

由此可以发现 9 个主题时困惑度最低，因此对 2012—2013 年子时期基金项目数据进行 LDA 主题识别时，将 No. of topics 的数值设置为

9,此时可以取得整个数据集最准确的主题识别结果。该子时期主题识别结果如表3.6所示。

表3.6 2012—2013年子时期NSF数据主题识别结果

主题	主题词内容
topic_0	Water｜Disinfect｜Membran｜Surfac｜Byproduct｜Impact｜Effect｜Drink｜Precursor｜Environment｜Studi｜Relev｜Reproduct｜Adsorpt｜Systemat
topic_1	Separ｜Surfac｜Charg｜Investig｜Involv｜Chiral｜Exploit｜Subtyp｜Particip｜Function｜Individu｜Column｜Scalabl｜Practic｜Concept
topic_2	Polym｜Stabil｜Nanocomposit｜Biodegrad｜Particl｜Polymer｜Catalyst｜Success｜Emuls｜Nitrogen｜Reaction｜Potenti｜Interfac｜Cell｜Interfaci
topic_3	Electron｜Interact｜Growth｜Nanomateri｜Power｜Studi｜Materi｜Mechan｜Experi｜Semiconduct｜Metal｜Limit｜Devic｜Engin｜Energi
topic_4	Electron｜Atom｜Materi｜Graphen｜Interact｜Surfac｜Structur｜Physic｜Synthesi｜Train｜Jasti｜Synthes｜Graphit｜Prepar｜Hydrocarbon
topic_5	Electron｜Print｜Circuit｜Product｜Flexibl｜Materi｜Backplan｜Cost｜Perform｜Display｜Transistor｜Sensor｜Industri｜TFT｜High-Temperatur
topic_6	Properti｜Junction｜Transport｜Energi｜Model｜Network｜Aerogel｜Rang｜Electr｜Design｜Enhanc｜Array｜Heat｜Effect｜Demonstr
topic_7	Structur｜Materi｜Sensor｜Impact｜Electrod｜Provid｜Integr｜Fabric｜Energi｜Educ｜Electron｜Monitor｜Nanostructur｜Silicon｜Storag
topic_8	Molecul｜Nanopor｜Devic｜Experi｜Scientif｜Sens｜Biolog｜Approach｜Ion｜Conduct｜Investig｜Motion｜Knowledg｜Surfac｜Ursinus

2014—2015年子时期：Elbow主题困惑度计算结果如图3.12所示。

由此可以发现7个主题时困惑度最低,因此对2014—2015年子时期基金项目数据进行LDA主题识别时,将No.of topics的数值设置为7,此时可以取得整个数据集最准确的主题识别结果。该子时期主题识别结果如下表所示。

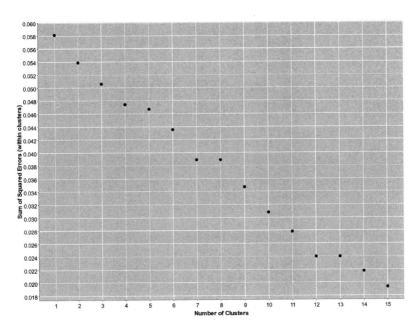

图 3.12　2014—2015 年子时期 NSF 数据困惑度计算结果

表 3.7　2014—2015 年子时期 NSF 数据主题识别结果

主题	主题词内容
topic_0	Contamin ｜ Organ ｜ Adsorpt ｜ Water ｜ Environment ｜ Behavior ｜ Team ｜ Intermolecular ｜ Affect ｜ Forc ｜ Remov ｜ Chemic ｜ Hazard ｜ Surfac ｜ Plan
topic_1	Sensor ｜ Hormon ｜ Corticosteron ｜ Stress ｜ Osmosi ｜ Membran ｜ Align ｜ Vertic ｜ Water ｜ Steroid ｜ Detect ｜ Provid ｜ Form ｜ Composit ｜ Sampl
topic_2	Devic ｜ Electron ｜ Materi ｜ Linear ｜ Array ｜ Purif ｜ Wireless ｜ Industri ｜ Align ｜ Effici ｜ Transistor ｜ Commerci ｜ Power ｜ Film ｜ Semiconduct
topic_3	Physic ｜ Film ｜ DNA ｜ Electr ｜ Thin ｜ Measur ｜ Transport ｜ Optic ｜ Studi ｜ Explor ｜ Activ ｜ Field ｜ Experiment ｜ Individu ｜ Fundament
topic_4	Electron ｜ Molecul ｜ Structur ｜ Separ ｜ Process ｜ Potenti ｜ Chemistri ｜ Polym ｜ Spiral ｜ Addit ｜ Block ｜ Jasti ｜ Comput ｜ Experi ｜ Photophys
topic_5	Light ｜ Exciton ｜ Sourc ｜ Photon ｜ Quantum ｜ Investig ｜ Effici ｜ Interact ｜ Fundament ｜ Integr ｜ Collabor ｜ Structur ｜ Optic ｜ Materi ｜ Direct
topic_6	Contact ｜ Materi ｜ Electr ｜ Surfac ｜ Mechan ｜ Manufactur ｜ Perform ｜ Properti ｜ Limit ｜ Devic ｜ Grown ｜ Control ｜ Integr ｜ Low ｜ Switch

2016—2017 年子时期: Elbow 主题困惑度计算结果如图 3.13
所示。

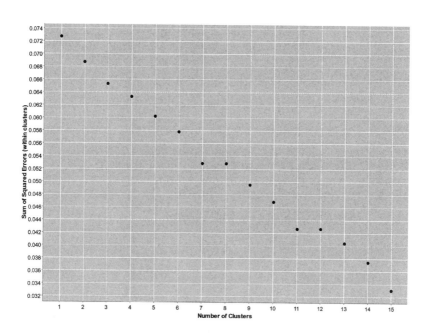

图 3.13　2016—2017 年子时期 NSF 数据困惑度计算结果

由此可以发现 7 个主题时困惑度最低,因此对 2016—2017 年子时
期基金项目数据进行 LDA 主题识别时,将 No. of topics 的数值设置为
7,此时可以取得整个数据集最准确的主题识别结果。该子时期主题识
别结果如表 3.8 所示。

表 3.8　2016—2017 年子时期 NSF 数据主题识别结果

主题	主题词内容
topic_0	Design ┃ Input ┃ Optim ┃ Experiment ┃ Align ┃ Experi ┃ Condit ┃ Combin ┃ Surfac ┃ Properti ┃ Address ┃ Materi ┃ Methodolog ┃ Intern ┃ Plan
topic_1	Devic ┃ Materi ┃ Electron ┃ Cell ┃ Energi ┃ Effici ┃ Fabric ┃ Electr ┃ Solar ┃ Array ┃ Multipl ┃ Power ┃ Carrier ┃ Structur ┃ Cost

主题	主题词内容
topic_2	Water | Membran | Contamin | Organ | Chemic | Desalin | Interact | Environ | Increas | Transport | Global | Adsorpt | Intestin | Fish | Studi
topic_3	Assembl | Cell | Build | Chemic | Control | Block | Larger | Quantifi | Synthesi | Ring | System | Select | Nanoscal | Structur | Provid
topic_4	Manufactur | Polym | Print | Heat | Mechan | Materi | Coat | Addit | Strength | Plastic | Direct | Forest | Ultrasound | Align | Model
topic_5	Detector | Structur | Fiber | Energi | Materi | Batteri | Composit | Nuclear | Nanomanufactur | Radiat | Degrad | Reduc | Detect | Wrap | Fabric
topic_6	Growth | Control | Engin | Environment | Vapor | Low | Synthesi | Tio2 | System | Catalyst | Industri | Product | Cost | Coupl | Potenti

二、基金项目研究前沿主题关联分析

学科领域内不同时期的研究主题并不是完全孤立的,这种联系既体现在时间维度上的演化关联,又体现在空间维度上的结构关联,空间维度上的结构关联是指某一时刻主要研究主题所构成的网络的结构关联;而每个主题是由一系列主题词组成的,主题关联建立在主题词的关联之上,即某一个或者若干个主题词分别隶属于两个及以上的主题,存在这种联系的主题之间被认为存在关联性。通过主题关联分析可以有效分析不同主题之间的相互关系与关联结构,以帮助后续主题识别结果的深入分析。

在 LDA 主题模型识别结果的基础上,本书利用社会网络分析、可视化分析方法进行主题关联构建。按照本书提出的主题关联构建方法,以下分别对 2008—2009 年、2010—2011 年、2012—2013 年、2014—2015 年、2016—2017 年五个子时期的主题识别结果进行主题关联构建,简单来说分为主题词共现矩阵构建和主题关联可视化分析两个步骤。以 2008—2009 年子时期主题识别结果为例构建主题关联网络,该子时期的研究主题及其主题词见表 3.9。

表 3.9　2008—2009 年子时期 NSF 数据研究主题详情

标号	主题	关键词
1	材料特性	Property | Studi | Polym | Structur | Mechan | Materi | Actuat | Composit | Electr | Educ | Crystal | Minor | Optic | Growth | Provid
2	化学合成	Synthesis | Seed | Regrowth | Catalyst | Templat | Chiral | Involv | Diamet | Growth | Fiber | Control | Plasma | Scalabl | Chemic | Particip
3	电化学	Electron | Perform | Devic | Commerci | Thermal | Phase | Industri | Conduct | Busi | Electr | Sensor | Impact | Product | Transfer | Probe
4	纳米材料	Membran | Separ | Transport | Water | Potenti | Materi | Effect | Environ | Nanomateri | Soil | Environment | Impact | Student | Energi | Product
5	结构分析	Energi | Fabric | Integr | Engin | Industri | Interconnect | Educ | Investig | Architectur | Macro-Film | Devic | Deform | Approach | Supercapacitor | Materi
6	医学应用	Cell | Therapi | Field | Tissu | Tumor | Cancer | Electr | Provid | Effect | Investig | Function | Impact | Biolog | Damag | Treat

通过表 3.9 可知,虽然可以大致了解该时期的主要研究主题,但是无法分析主题之间的结构关系以及内部主题词的从属关联情况,为了解决这一问题,需按照本书提出的主题关联构建方法,在主题识别的基础上,进行主题关联可视化分析。首先进行主题共现矩阵构建,然后利用可视化软件 Gephi 进行可视化分析,可视化结果如图所示,图中节点的聚集表示主题,节点颜色与大小由节点中心性值确定。

通过观察、分析上图可以知,主题聚合情况较好,说明基于 LDA 模型的主题识别结果较为准确;从具体内容来看,可以发现子时期碳纳米管研究领域的核心主题及其主题词集合,各个主题之间的关联情况,以及在该时刻各个主题在主题网络中的位置(主题向心度,中心性越高则主题越处于研究的核心位置,与其他主题存在较强联系),比如处于中心位置的核心主题。从图中还可以发现该时期主题网络中的关键节点(主题连接点),能够有效帮助识别分析出碳纳米管研究的核心内容。

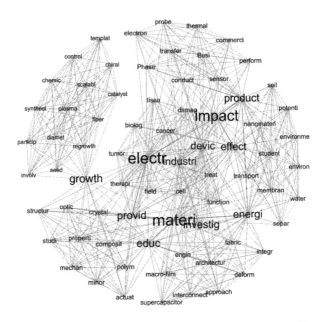

图 3.14　2008—2009 年子时期主题关联构建可视化图谱

　　因此,通过主题关联构建并进行可视化展示,增加了主题识别结果分析的角度,除了分析主题强度、热度变化和主题内容外,不仅能够以可视化图谱的方式展现主题内容、主题之间的关联和关键主题词,还可以直观地展示出哪些主题是核心主题,哪些主题是边缘主题,可以增强对基于 LDA 模型的主题识别结果的解读效果。

　　为了更好地分析近 10 年内美国国家基金会资助的碳纳米管相关基金项目的主要研究主题,结合 LDA 主题模型识别结果及其主题关联可视化图谱,对各个子时期的主题识别结果进行深入解读。各子时期主题关联结果如下。

　　2008—2009 年子时期:

　　从具体内容来看,2008—2009 年子时期碳纳米管研究领域的核心主题及其主题词集合,材料合成、电化学、纳米材料、结构分析和医学应用等各个主题之间的关联情况,以及在该时刻各个主题在主题网络中

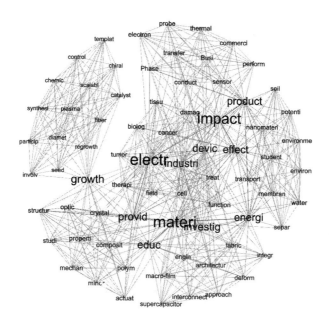

图 3.15　2008—2009 年子时期 NSF 数据主题关联构建可视化图谱

的位置(主题向心度,中心性越高则主题越处于研究的核心位置,与其他主题存在较强联系),比如处于中心位置的核心主题 Material Synthesis(材料合成),该主题的主要研究内容包括:碳纳米管生长机理研究、碳纳米管材料合成研究等内容。

从图中还可以发现,Material、Energy、Electr、Industri、Device 等几个节点是该时期主题网络中的关键节点(主题连接点),连接整个网络,表明材料、能量、电化学、工业技术和装备是 2008—2009 年子时期美国国家科学基金会资助的碳纳米管研究的核心内容,这几个核心研究内容串联起了该时期碳纳米管领域的各个研究主题。

2010—2011 年子时期:

从整体结构来看,2010—2011 年子时期碳纳米管研究领域的核心主题主要有装置、材料性能、材料结构、科学教育等。处于中心位置的核心主题有:构造(Structure)、性能(Property)。边缘主题有:催化(Ca-

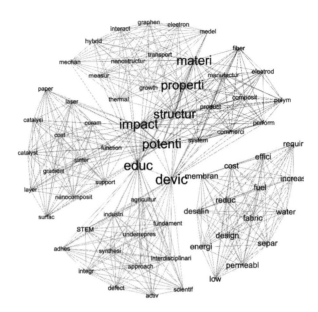

图 3.16　2010—2011 年子时期主题关联可视化图谱

talysis)、电化学(Electrod)等主题。其中碳纳米管的化学性能相关研究、实验装置和科学教育等节点为关键节点,通过这几个核心研究内容串联起了该时期碳纳米管领域的各个研究主题。

2012—2013 年子时期:

从整体结构来看,2012—2013 年子时期碳纳米管研究领域的核心主题主要有 Electron(电子)、Sencor(传感器)、Material(纳米材料)等,处于中心位置的核心主题有 Function(材料功能)、Reproduct(再生产品)和 Synthesis(材料合成),边缘主题有 Ion(离子化学)、TFT(薄膜晶体管)等主题。其中能源、电化学、碳纳米管的科学研究项目等节点为关键节点,通过这几个核心研究内容串联起了 2012—2013 年时期碳纳米管领域的各个研究主题。

2014—2015 年子时期:

从整体结构来看,可以发现 2014—2015 年子时期碳纳米管研究领

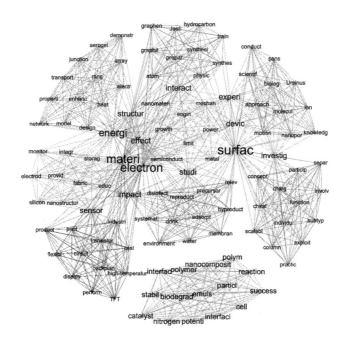

图 3.17　2012—2013 年子时期 NSF 主题关联可视化图谱

域的核心主题主要有 Fundament（基础原理）、Structure（结构）、Film（膜材料）、Electron（电化学）等，处于中心位置的核心主题有 Adsorpt（化学吸附）、Composit（材料合成）和 Individual（材料特性），边缘主题有 DNA（脱氧核糖核酸）、Power（能量）等主题。其中碳纳米管的基础原理、表面特性和材料结构等节点为关键节点，通过这几个核心研究内容串联起了 2014—2015 年时期碳纳米管领域的各个研究主题。

2016—2017 年子时期：

从整体结构来看，可以发现 2016—2017 年子时期碳纳米管研究领域的核心主题主要有 Structure（结构）、Chemical（碳纳米管化学性能）、Energy（能源，如燃料电池）等，处于中心位置的核心主题有 Property（化学性能）、Nuclear（原子能）和 Model（碳纳米管模型），边缘主题有 Adsorpt（化学吸附）、Power（能量）等主题。其中碳纳米管的化学性能、

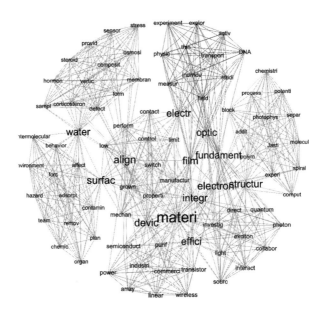

图 3.18　2014—2015 年子时期主题关联可视化图谱

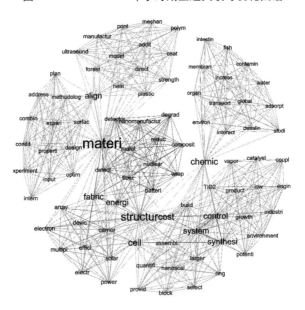

图 3.19　2016—2017 年子时期主题关联可视化图谱

材料合成和材料结构等节点为关键节点,通过这几个核心研究内容串联起了 2016—2017 年时期碳纳米管领域的各个研究主题。

通过文献调研和专家咨询的方法,本书对碳纳米管领域的主题识别结果进行了验证,分析结果符合碳纳米管研究领域的研究现状,而且相较于孤立解读主题模型识别结果,基于主题关联可视化分析的主题识别结果更加具有可读性,获得了碳纳米管领域相关专家的认可,证明本书提出的基于 LDA 模型的主题识别与关联构建方法是可行有效的。

通过基于 LDA 模型的主题识别和关联可视化分析,本书识别出了近 10 年内各个子时期美国国家自然基金会资助的碳纳米管相关基金项目的主要研究主题,但是如何判定哪些研究主题是前沿主题? 哪些是热点主题? 主题的发展演化规律是什么? 需要进一步深入研究。根据本书提出的主题强度、新颖度资助力度指标,通过实验得出以下结果。

三、基金项目研究前沿主题强度分析

2008—2009 年子时期:

表 3.10　2008—2009 年子时期 NSF 项目数据主题强度统计结果

主题	topic_0	topic_1	topic_2	topic_3	topic_4	topic_5
基金项目数	19	8	19	13	12	6

该子时期各主题覆盖基金项目数量统计显示,该子时期中碳纳米管材料特性和有关电化学是热点研究主题,主要包括不同结构碳纳米管的合成方法、碳纳米管的物化性能、碳纳米管的电化学应用等研究。

2010—2011 年子时期:

表 3.11　2010—2011 年子时期 NSF 项目数据主题强度统计结果

主题	topic_0	topic_1	topic_2	topic_3	topic_4
基金项目数	5	7	7	9	8

该子时期各主题覆盖基金项目数量统计显示,该子时期中碳纳米管材料特性和材料合成是热点研究主题,主要包括双壁碳纳米管合成、催化原理、碳纳米管功能特性等研究。

2012—2013 年子时期:

表 3.12　2012—2013 年子时期 NSF 项目数据主题强度统计结果

主题	topic_0	topic_1	topic_2	topic_3	topic_4	topic_5	topic_6	topic_7	topic_8
基金项目数	4	2	3	4	4	3	5	5	4

该子时期各主题覆盖基金项目数量统计显示,该子时期中碳纳米管材料特性和结构是热点研究主题,主要包括碳纳米管量产工艺、薄膜晶体管、三维碳纳米管复合材料等研究。

2014—2015 年子时期:

表 3.13　2014—2015 年子时期 NSF 项目数据主题强度统计结果

主题	topic_0	topic_1	topic_2	topic_3	topic_4	topic_5	topic_6
基金项目数	2	3	4	3	4	3	3

该子时期各主题覆盖基金项目数量统计显示,该子时期中碳纳米管装置和有关电化学是热点研究主题,主要包括基于碳纳米管的电子器件、碳纳米管电子特性等研究。

2016—2017 年子时期:

表 3.14　2016—2017 年子时期 NSF 项目数据主题强度统计结果

主题	topic_0	topic_1	topic_2	topic_3	topic_4	topic_5	topic_6
基金项目数	3	5	4	3	4	3	4

该子时期各主题覆盖基金项目数量统计显示,该子时期中碳纳米管装置是热点研究主题,主要包括传感器、碳纳米管晶体管、碳纳米管导电性能等研究。

四、基金项目研究前沿主题新颖度分析

2008—2009 年子时期:

表 3.15 2008—2009 年子时期 NSF 项目数据主题新颖度统计结果

主题	新颖度	主题	新颖度
topic_0	2008.368	topic_3	2008.692
topic_1	2008.25	topic_4	2008.5
topic_2	2008.842	topic_5	2009

该子时期主题新颖度统计显示,碳纳米管医学领域的应用是研究热点前沿主题,主要包括新型癌症治疗方法、先进医疗器械、仿生合成细胞等研究。该时期内,碳纳米管在医学、生物领域的应用开始引起重视。

2010—2011 年子时期:

表 3.16 2010—2011 年子时期 NSF 项目数据主题新颖度统计结果

主题	新颖度	主题	新颖度
topic_0	2011	topic_3	2010.556
topic_1	2010.571	topic_4	2010.625
topic_2	2010.571		

该子时期主题新颖度统计显示,碳纳米管的功能特性是研究热点前沿主题,主要包括碳纳米管结构设计、陶瓷纳米复合涂层等研究。该时期内,碳纳米管研究开始渐入微观结构设计,不同结构对碳纳米管表现的物理、化学性质的影响的研究得以深入。不同结构特性的碳纳米

管逐渐在航空、生物、汽车等领域得到应用。

2012—2013 年子时期：

表 3.17 2012—2013 年子时期 NSF 项目数据主题新颖度统计结果

主题	新颖度	主题	新颖度
topic_0	2012.5	topic_5	2013.333
topic_1	2013	topic_6	2013
topic_2	2012.333	topic_7	2012.2
topic_3	2012	topic_8	2012.75
topic_4	2012.5		

该子时期主题新颖度统计显示,碳纳米管的电子应用是研究热点前沿主题,主要包括集成电路印刷、传感器设计等研究。碳纳米管在微电子领域的应用,对电子产品集约化、提高电子产品寿命发挥了重要作用。

2014—2015 年子时期：

表 3.18 2014—2015 年子时期 NSF 项目数据主题新颖度统计结果

主题	新颖度	主题	新颖度
topic_0	2015	topic_4	2014.25
topic_1	2014.333	topic_5	2014.667
topic_2	2014.75	topic_6	2015
topic_3	2014		

该子时期主题新颖度统计显示,碳纳米管的除污应用和电子应用是研究热点前沿主题,主要包括碳纳米管的吸附性能、不同结构碳纳米管的电子领域应用、以碳纳米管为基础的新型电接触材料等研究。

2016—2017 年子时期:

表 3.19　2016—2017 年子时期 NSF 项目数据主题新颖度统计结果

主题	新颖度	主题	新颖度
topic_0	2016.333	topic_4	2016.25
topic_1	2016.8	topic_5	2017
topic_2	2016.25	topic_6	2016.75
topic_3	2016.667		

该子时期主题新颖度统计显示,碳纳米管的结构特性是研究热点前沿主题,主要包括碳纳米管织物研发和应用、多孔碳纳米材料应用、探测器等研究。

五、基金项目研究前沿主题资助力度分析

2008—2009 年子时期:

表 3.20　2008—2009 年子时期 NSF 项目数据主题资助力度统计结果

主题	资助金额	主题	资助金额
topic_0	$ 5,955,670.00	topic_3	$ 2,689,776.00
topic_1	$ 1,859,938.00	topic_4	$ 4,850,292.00
topic_2	$ 5,174,709.00	topic_5	$ 2,274,012.00

该子时期各主题覆盖项目的受资助金额统计显示,在该子时期内,基金在碳纳米管特性研究上投入资金最多。该领域主要包括单壁碳纳米管、多壁碳纳米管、碳纳米管微观结构等研究。在较早时期,科研活动的顶层导向更倾向于碳纳米管的基础性能和原理研究,这为碳纳米管在今后更多领域的广泛应用奠定重要基础。

2010—2011 年子时期：

表 3.21　2010—2011 年子时期 NSF 项目数据主题资助力度统计结果

主题	资助金额	主题	资助金额
topic_0	$927,993.00	topic_3	$3,277,402.00
topic_1	$3,836,023.00	topic_4	$2,835,792.00
topic_2	$3,713,719.00		

　　该子时期各主题覆盖项目的受资助金额统计显示,该子时期内,碳纳米管薄膜有关研究得到基金最多资助。该领域主要包括碳纳米管薄膜性能提升、电子领域应用以及生产工艺等研究。可以看出,在碳纳米管基础科学研究进行到一定程度后,国家和领域专家开始将视角转向材料改善和材料在社会生产中的实际应用。

　　2012—2013 年子时期：

表 3.22　2012—2013 年子时期 NSF 项目数据主题资助力度统计结果

主题	资助金额	主题	资助金额
topic_0	$1,160,837.00	topic_5	$547,946.00
topic_1	$411,260.00	topic_6	$3,320,036.00
topic_2	$800,000.00	topic_7	$2,511,324.00
topic_3	$1,584,914.00	topic_8	$1,016,466.00
topic_4	$2,355,000.00		

　　该子时期各主题覆盖项目的受资助金额统计显示,碳纳米管的结构特性有关研究在该时期获得最多基金资助,具体主要涉及碳纳米管网络、三维碳纳米管、碳纳米管薄膜晶体管等研究。该子时期中,不同结构的碳纳米管材料性能研究开始得到重视。

　　2014—2015 年子时期：

表 3.23　2014—2015 年子时期 NSF 项目数据主题资助力度统计结果

主题	资助金额	主题	资助金额
topic_0	＄385,507.00	topic_4	＄2,056,882.00
topic_1	＄1,117,730.00	topic_5	＄691,199.00
topic_2	＄1,029,999.00	topic_6	＄368,070.00
topic_3	＄1,209,995.00		

该子时期各主题覆盖项目的受资助金额统计显示,该子时期内,碳纳米管的电子领域应用是获得资助最多的方面,主要涉及碳纳米管电学和光学特性以及应用等研究。

2016—2017 年子时期:

表 3.24　2016—2017 年子时期 NSF 项目数据主题资助力度统计结果

主题	资助金额	主题	资助金额
topic_0	＄646,277.00	topic_4	＄899,778.00
topic_1	＄2,945,532.00	topic_5	＄1,770,000.00
topic_2	＄1,084,999.00	topic_6	＄960,831.00
topic_3	＄997,350.00		

该子时期各主题覆盖项目的受资助金额统计显示,该子时期内,碳纳米管有关的电子装置研究获得基金最多资助,主要包括传感器、半导体、射频应用电子设备等研究。

六、基金项目研究前沿主题演化分析

如何从海量的科技文献中准确、有效地识别研究主题的演化脉络、路径和发展趋势并进行可视化分析判定研究前沿是目前科学研究前沿识别研究中亟须解决的问题。主题演化、可视化分析相关研究正是在此需求背景下,面向科技创新的重要方向,更加注重尽早发现、识别科技创新的前沿主题,并评估其发展趋势,揭示出前沿领域的竞争态势和重大趋势,以支撑相关科研选题和科技决策。根据多维主题演化分析方法,本书以 2008 至 2017 年 5 个子时期共 29 个主题为基础,基于 python 的 gensim 工具包①进行相似度计算,具体采用余弦相似度计算公式进行计算,以判定演化关系,并将主题相似度计算结果写入 Excel 文件。

余弦相似性主要通过测量两个向量的夹角的余弦值来度量它们之间的相似性。0 度角的余弦值是 1,而其他任何角度的余弦值都不大于 1;并且其最小值是 −1。从而两个向量之间的角度的余弦值确定两个向量是否大致指向相同的方向。两个向量有相同的指向时,余弦相似度的值为 1;两个向量夹角为 90° 时,余弦相似度的值为 0;两个向量指向完全相反的方向时,余弦相似度的值为 −1。这结果是与向量的长度无关的,仅仅与向量的指向方向相关。余弦相似度通常用于正空间,因此给出的值为 0 到 1 之间。

在向量表示的三角形中,假设向量 $\vec{a}=(x1,y1)$,$\vec{b}=(x2,y2)$ 则向量 $\vec{a}$ 和向量 $\vec{b}$ 的夹角的余弦为:

$$\cos(\vec{a},\vec{b})=\vec{a},\vec{b}/|a||b| \tag{3-7}$$

通过余弦相似度可以表征出不同文本之间的相似度关系。相似度大于某设定阈值,可以判定两个主题之间具有演化关系。

根据相关实验结果,本书将学科主题强度演化关系的主题相似度阈值设定为 0.61,学科主题整体结构演化关系的主题相似度阈值设定为 0.59,学科内容演化关系的主题相似度阈值设定为 0.53。

部分主题相似度计算结果如图 3.20 所示:

---

① Gensim, [2018 − 06 − 10], https://radimrehurek.com/gensim/, Singhal, Amit, "Modern Information Retrieval: A Brief Overview", *Bulletin of the IEEE Computer Society Technical Committee on Data Engineering*, 2001, 24(4):35-43.

	Topic1	Topic2	Topic3	Topic4	Topic5	Topic6	Topic7	Topic8	Topic9	Topic10	Topic11	Top
Topic1	1											
Topic2	0.69103045	1										
Topic3	0.5444261	0.71271155	1									
Topic4	0.54196201	0.27915521	0.14562773	1								
Topic5	0.73057747	0.5156437	0.51501768	0.50353307	1							
Topic6	0.85583224	0.74760031	0.75701575	0.44911817	0.86642987	1						
Topic7	0.66874839	0.75308632	0.73116176	0.41933748	0.71335155	0.93861133	1					
Topic8	0.8232131	0.7802614	0.7340728	0.33407512	0.47462061	0.74441308	0.9193657	1				
Topic9	0.7207714	0.70315092	0.71313905	0.19467084	0.68019627	0.78469812	0.74405353	0.69039514	1			
Topic10	0.6354150	0.60849808	0.60248457	0.43162081	0.20535414	0.56221913	0.71252798	0.66044773	0.78444493	1		
Topic11	0.51876268	0.72043444	0.71939133	0.05028372	0.27164565	0.63786315	0.74033533	0.48927186	0.41767094	0.55698529	1	
Topic12	0.73602312	0.72287087	0.73657398	0.14729218	0.6261705	0.78165613	0.76521068	0.42730013	0.59410093	0.43887482	0.87181443	0.1
Topic13	0.46985859	0.26486205	0.17980679	0.06368982	0.33297329	0.25656887	0.39795868	0.23701195	0.14522765	0.04837403	0.40732974	0.1
Topic14	0.6534958	0.74600642	0.76607703	0.21824552	0.62885301	0.79510264	0.7287892	0.33304242	0.57188973	0.37609444	0.45546316	0.1
Topic15	0.54535601	0.73203825	0.74351178	0.2409095	0.67409818	0.79851817	0.73654197	0.35181329	0.59085695	0.36587212	0.4279317	0.1
Topic16	0.74167495	0.73040753	0.73150395	0.29553978	0.72197781	0.79241447	0.68861853	0.36548692	0.48357425	0.26603917	0.42058513	0.4
Topic17	0.63923801	0.76957791	0.7624173	0.24348142	0.58676611	0.73407691	0.68611251	0.24489055	0.48357425	0.26603917	0.42058513	0.4
Topic18	0.39737039	0.79657393	0.77775549	0.3162999	0.51260297	0.75073975	0.74033533	0.38392667	0.50361804	0.41466526	0.51914004	0.5
Topic19	0.49091524	0.25502195	0.19155942	0.43162081	0.2351437	0.2732385	0.47008281	0.41191492	0.19064841	0.26066563	0.13167599	0.
Topic20	0.13943332	0.39737039	0.34955047	0.00594606	0.3206788	0.4256967	0.60002147	0.51095889	0.37876598	0.39883552	0.28094057	0.
Topic21	0.54222762	0.76412075	0.7324429	0.31583022	0.59567492	0.7200967	0.70067279	0.28857783	0.43804581	0.27079705	0.40873978	0.
Topic22	0.77067882	0.55418764	0.50551127	0.1625001	0.56435262	0.58957243	0.66858702	0.43120978	0.45467947	0.31271223	0.29286871	0.
Topic23	0.5465572	0.60467945	0.61607962	0.14400403	0.62699877	0.72337656	0.71079706	0.43171988	0.51709103	0.41046879	0.37435905	0.
Topic24	0.78285661	0.13543813	0.64398478	0.28145202	0.63746493	0.74744259	0.68861853	0.36384658	0.55915926	0.36559788	0.36389629	0.
Topic25	0.82373389	0.70339249	0.35139141	0.10936339	0.56285332	0.76538812	0.75094371	0.43162081	0.51703371	0.47293202	0.49129025	0.
Topic26	0.6885297	0.65795808	0.65930747	0.05335283	0.58483937	0.69606224	0.76751887	0.53796885	0.53480844	0.53447828	0.50236676	0.
Topic27	0.68198426	0.79139833	0.78507929	0.29601728	0.56794112	0.61410626	0.72586613	0.31457553	0.51412371	0.35139141	0.47760437	0.
Topic28	0.17347156	0.69629269	0.70553385	0.27595111	0.69726716	0.73520355	0.60107284	0.10551748	0.48704389	0.11955652	0.27773747	0.
Topic29	0.27595111	0.53693089	0.73661481	0.21413471	0.68027942	0.75909894	0.69731663	0.26577166	0.23977635	0.25940064	0.37876598	0.
Topic30	0.33935245	0.71203892	0.70169895	0.1594057	0.44700389	0.71036892	0.78593581	0.54475728	0.52461812	0.55732135	0.55716004	0.
Topic31	0.77095872	0.63619666	0.59576647	0.15129869	0.32023798	0.48382603	0.51410626	0.11081789	0.21682475	0.11153857	0.3048769	0.
Topic32	0.33885738	0.74124669	0.71467881	0.23513077	0.62029527	0.74079345	0.76221107	0.4215816	0.54734621	0.38128815	0.44626275	0.1

图 3.20　部分主题相似度计算结果

1. 主题强度演化分析

将主题相似度计算结果结合主题强度可以计算出各主题强度演化发展变化情况,从而发现哪些主题随着时间的推移更加壮大,哪些主题随着时间的推移研究强度越来越小。将数据导入 E-charts 平台得到如图 3.21 所示结果:

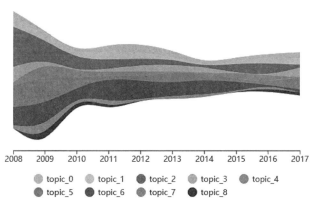

图 3.21　主题强度演化分析结果

总体上看,各主题强度呈逐渐变弱趋势,但是 2010 年以后呈现稳步资助态势,究其原因主要是随着碳纳米管的发现,最初呈现井喷资助

127

态势,随着研究的深入,资助呈现平稳发展状态,不同研究主题各有侧重。其中:

topic_0、topic_1 和 topic_7 主题强度变化不大,十年间平稳发展。

topic_2 在 2008 年为最高强度的主题,但随着时间推移,资助逐渐变弱,2016 年有所回升。

topic_3、topic_5 在 2011 年左右和 2015 年左右近乎消失,但在 2017 年有较大程度回升,该两类主题在研究中可能有了新进展或者更多领域的应用。

topic_4 同样经历过"消亡""回升",在 2017 年再次减弱,说明该主题的研究前景并不乐观。

topic_6 是较长一段时间强度很高的主题,该主题强度在 2016 年大幅度下降,可能意味着该方向研究已趋于成熟。

2. 主题资助力度演化分析

将主题相似度计算结果结合主题强度可以计算出各主题资助强度演化发展变化情况,从而发现哪些主题随着时间的推移资助强度越来越大,哪些主题随着时间的推移研究资助力度变小。将数据导入 E-charts 平台得到如图 3.22 所示结果:

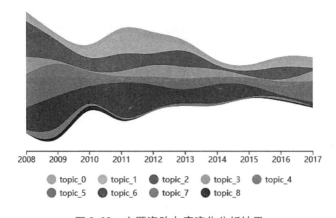

图 3.22 主题资助力度演化分析结果

总体上看,各主题的资助强度呈现"强—弱—强—弱"的趋势。各主题的资助力度与其主题强度发展趋势趋于一致。

3. 主题结构演化分析

将主题相似度计算结果输入到 Sankey Diagram 可视化工具中得到如下可视化结果,图中展示了美国国家科学基金会资助的碳纳米管研究领域的主题结构发展演化情况,描绘出了该研究主题演化的路径脉络。

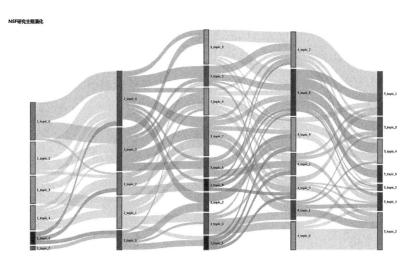

图 3.23 主题演化图

在第 1→2 演化阶段:主题 1_topic_0,1_topic_3 演化分散趋势最为明显,1_topic_0 主要演化到了 2_topic_4、2_topic_3;1_topic_3 主要演化到了 2_topic_4、2_topic_2、2_topic_0。

在第 2→3 演化阶段:主题 2_topic_4 主题强度最强,主题 2_topic_4,2_topic_3 演化分散趋势最为明显,2_topic_4 主题甚至影响到了后续 7 个主题的研究,主要演化到了 3_topic_3、3_topic_5、3_topic_4、3_topic_7、3_topic_6、3_topic_8、3_topic_2;2_topic_3 主要演化到了 3_topic_3、3_topic_5、3_topic_4、3_topic_7、3_topic_6。

在第 3→4 演化阶段：主题 3_topic_7、3_topic_1 演化分散趋势较为明显，3_topic_1 变化不大较为平稳。其中，3_topic_7 主要演化到了 4_topic_2、4_topic_6、4_topic_4、4_topic_3、4_topic_5；3_topic_1 主要演化到了 4_topic_6、4_topic_4、4_topic_3、4_topic_5。由此可以发现 4_topic_6、4_topic_4、4_topic_3、4_topic_5 四个主题活跃度较高。

在第 4→5 演化阶段：主题 4_topic_2、4_topic_6 演化分散趋势最为明显，4_topic_2 主要演化到了 5_topic_1、5_topic_0、5_topic_4；4_topic_6 主要演化到了 5_topic_1、5_topic_0、5_topic_4、5_topic_6、5_topic_5、5_topic_3。从演化强度来看 4_topic_2 演化到 5_topic_1 强度最强，说明是同一研究主题的延续。

总体来说，近 10 年美国国家科学基金会资助的碳纳米管相关研究具有以下特征：

从主题强度维度来说，碳纳米管研究主题强度呈现平稳发展趋势，部分主题出现新兴发展的趋势，有可能成为未来新兴研究前沿主题。

从主题结构维度来说，新生主题不断涌现，众多研究主题处于不断成长、分裂、交叉融合的过程中。

从主题内容维度来说，新生关键词不断涌现，并且关键词所从属的主题不断变化。

本章以美国 NSF 资助的碳纳米管领域基金项目近 10 年（2008—2017）数据为数据源，经过词干提取、停用词过滤等预处理后，生成 BOW 词袋模型，经过 Elbow 主题困惑度计算后，得到最优主题数量，然后采用 LDA 模型识别出整体数据集和不同年份切片数据集合的研究主题，根据项目资助强度、LDA 主题强度、资助时长等指标构建基于基金项目数据的热点研究前沿、新兴研究前沿等不同类型研究前沿识别模型，利用余弦文本相似度计算模型计算不同时期主题间的演化关系，采用 Sankey Diagram 可视化技术展示其主题演化规律，揭示未来发展趋势。

第 四 章
基于论文数据的研究前沿主题识别

    本章以 WOS 数据库中近 10 年（2008—2017）碳纳米管研究论文为数据源，对论文数据进行时间切片后，利用 LDA 主题模型识别出不同时间段内的研究主题，根据 LDA 主题强度、论文被引次数等指标构建基于论文数据的热点研究前沿、新兴研究前沿等不同类型研究前沿识别模型，利用余弦文本相似度计算模型计算不同时期主题间的演化关系，采用 Sankey Diagram 可视化技术展示其主题演化规律，揭示未来发展趋势。

第一节　学术论文

    学术论文是某一学术课题具有的新的科学研究成果或创新见解和知识的科学记录，用以提供学术会议上宣读、交流、讨论或学术刊物上发表，或用作其他用途的书面文件。

    学术论文的功能主要体现在四个方面：一是促进社会发展；二是进行学术交流；三是为人才考核提供依据；四是可以训练作者的科研能力和写作能力。

    学术论文可以分为以下几种类型：

    （1）按其所涉及的科学门类分，可分为社会科学论文和自然科学论文；

（2）按学科性质分，有基础学科学术论文和技术应用学科学术论文两大类；

（3）按论证方式分，有以立为主的立论型学术论文、以破为主的反驳型学术论文和立破结合的综合型学术论文三大类；

（4）按撰稿者的情况和要求分，有投稿学术论文、命题学术论文、学年论文、学位论文等；

（5）按内容分，有专题性论文和综合性论文等；

（6）按范围分，有宏观研究论文、微观研究论文等；

（7）按学科层次分，有基础理论研究论文、应用研究论文、开发研究论文等；

（8）按服务对象分，有面对群众的科学普及论文和供专业工作者进行研究探讨问题的专业论文；

（9）按作者分，有专家论文、学者论文、一般工作者论文、学生论文等。

学术论文的显著特征是论文内容必须有新发现、新发明、新创造或新推进。并非所有关于科学研究、科学实验和工程技术设计的文章都是学术论文，只有那些提供了新的学术信息，有着创新的内容和作者独到的见解的文章，才能称为学术论文。

一篇完整的学术论文主要包括题目、摘要、关键字、正文、参考文献等五个主要部分，正文又包括研究背景、相关研究、研究方案、结果分析、总结展望等五个部分。

由于学术论文蕴含着丰富的创新性研究成果，因此可以利用学术论文作为数据源，用来识别科学研究前沿价值。此外，由于学术论文拥有良好的结构化写作特征，因此可以适用于利用自然语言处理技术进行深度文本挖掘。

第二节　基于论文数据的研究前沿
主题识别研究思路

基于论文数据的研究前沿识别研究思路为,首先在 WOS 检索出碳纳米管研究领域全球数据、美国数据和 NSF 资助的论文三组数据,然后对三组数据分别进行数据时间切片划分、数据预处理,利用 LDA 主题识别模型识别出论文数据源三组数据的主题,具体如图 4.1 所示:

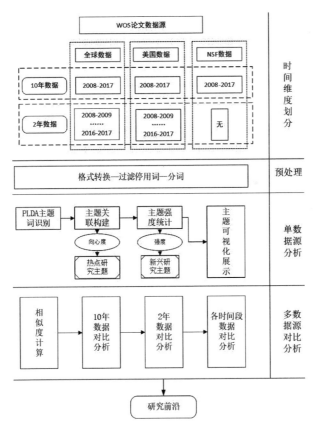

图 4.1　基于论文数据源的研究前沿主题识别思路

第一步:数据获取。在 WOS 平台论文核心数据库下载与 CNTs 有关高被引论文数据,下载后为全球 WOS 数据,再在区域内限制为 the US,下载后为美国 WOS 数据,在基金资助机构中选择 NSF,下载后为 NSF 机构 WOS 数据。

第二步:数据处理。对 WOS 平台下载的三组数据分别进行时间维度划分、数据预处理及 LDA 主题识别三个步骤,得到 13 个数据集合的主题。论文数据源的数据处理具体如下:

(1)时间维度划分。对近 10 年高被引论文及 NNI 规划文本进行固定时间窗口划分,2 年为划分依据,共划分为 5 个子时期。此时,论文数据源的全球 WOS 数据下有 5 个时间段数据,美国 WOS 数据下有 5 个时间段数据,NSF 机构相关论文数据量较小,在固定时间窗口划分后每个子集数据量较小,无法进行后续 LDA 主题识别、相似度计算及可视化展示,因此集合 3 不再细分到各个时间段,NSF 机构 WOS 数据下无时间段数据;至此,论文数据源共有 10 个细分时间段数据集合及 3 个时间段数据集合,共有集合 13 个。

(2)数据预处理。在 KNIME 平台上对此 13 个数据集合分别进行格式转换、过滤停用词及分词等步骤,实现论文数据的预处理。

第三步:主题提取。对于论文数据源,本书使用 KNIME 平台中的 LDA 主题识别模型进行识别。首先对数据进行困惑度计算,根据困惑度计算结果调整 KNIME 平台选择的节点的参数设置,对 13 个数据集合进行 LDA 主题识别,得到 13 个数据集合的主题。

第四步:主题关联构建。从具体内容来看,可以发现子时期碳纳米管研究领域的核心主题及其主题词集合,各个主题之间的关联情况,以及在该时刻各个主题在主题网络中的位置(主题向心度,中心性越高则主题越处于研究的核心位置,与其他主题存在较强联系),比如处于中心位置的核心主题。从图中还可以发现该时期主题网络中的关键节点(主题连接点),能够有效帮助识别分析出碳纳米管研究的核心内容。

因此,通过主题关联构建并进行可视化展示,增加了主题识别结果分析的角度,除了分析主题强度、热度变化和主题内容外,不仅能够以可视化图谱的方式展现主题内容、主题之间的关联和关键主题词,还可以直观地展示出哪些主题是核心主题,哪些主题是边缘主题,可以增强对基于 PLDA 模型的主题识别结果的解读效果。

因此,本书将关联可视化中位于图中央的主题视为本时间段热点研究主题,将论文数量及被引频次最多的主题视为本时间段的新兴研究主题。

一、主题强度分析

统计识别 LDA 主题包含的论文数量,可以反映每个主题的主题强度。如果主题强度高则说明该研究主题发表论文数量多,具有较高的研究热度。本书计算主题强度的公式如下:

$$T_s = \sum_{i=1}^{n} p_i \tag{4-1}$$

其中:

T_s:表示主题 s 的主题强度;

n:表示主题 s 内的基金项目总数量;

p_i:表示主题 s 内的第 i 篇论文。

二、主题新颖度分析

通过统计分析 LDA 主题内包含论文的发表年份,可以反映出每个主题的新颖程度。某个主题内发表论文年份越新,则说明该研究主题具有越高的新颖性。本书计算主题新颖度的公式如下:

$$N_s = \frac{\sum_{i=1}^{n} y_i}{n} \tag{4-2}$$

其中：

N_s：表示主题 s 的新颖度；

n：表示主题 s 内论文数量；

y_i：表示第 i 篇论文。

三、主题影响力分析

通过统计分析 LDA 主题内包含论文的被引用次数，可以反映出每个主题的影响力。某个主题内发表论文的被引用次数越多，则说明该研究主题具有越高的影响力。本书计算主题影响力的公式如下：

$$I_s = \sum_{i=1}^{n} c_i \qquad\qquad (4-3)$$

其中：

I_s：表示主题 s 的影响力；

n：表示主题 s 内论文数量；

c_i：表示第 i 篇论文的被引用次数。

第三节　实　验

一、实验环境

1. 硬件

Windows 7 系统（64 位），Intel（R）Xeon（R）CPU，4G RAM，500G HardDrive。

2. 软件平台

数据挖掘软件 KNIME、社会网络分析软件 UCINET、Gephi 等。

二、数据源

在 WOS 核心数据库构造检索式：[TI：（carbon nanotube* or carbon-

nanotube＊or CNT or SWNT＊or MWNT＊or DWNT＊or SWCNT＊or MWC-
NT＊or DWCNT＊）〕。

精炼依据:ESI 高水平论文(领域中的高被引论文);

检索数据库:SCI-EXPANDED,SSCI;

时间跨度:2008—2017;

检索结果:856 篇;

检索时间:2018 年 7 月 25 日。

对此 856 篇论文数据的题目、关键词、摘要、被引频次及出版年的数据进行下载,构成论文数据集合 1。

在 856 篇论文数据源中,对国家/地区进行选择:USA,可得到由美国发表的 286 篇高被引论文数据。对此 286 篇论文数据的题目、关键词、摘要、被引频次及出版年的数据进行下载,构成论文数据集合 2。

在 856 篇论文数据源中,对基金资助机构进行选择:"NATIONAL SCIENCE FOUNDATION"or"NSF"or"US NATIONAL SCIENCE FOUN-DATION"or"NATIONAL SCIENCE FOUNDATION NSF",可得到由 NSF 资助的 73 篇高被引论文数据。对此 73 篇论文数据的题目、关键词、摘要、被引频次及出版年的数据进行下载,构成论文数据集合 3。

三、数据预处理

检索结果共 856 篇文献,时间跨度 10 年,首先将论文数据划分到 4 个连续的子时期,目前主要有 Time Line 方法和固定时间窗口两种常见的划分方法,本书采用固定时间窗口的方法,共划分五个子时期:2008—2009 年、2010—2011 年、2012—2013 年、2014—2015 年、2016—2017 年,每个集合包含所有时间段的数据和 5 个子时期数据,至此,可得到论文数据源下的 13 个数据集合,具体如表 4.1 所示:

表 4.1 论文数据源下各个数据集合的表示

时间段	全球 856 篇论文数据源	美国 286 篇论文数据源	美国 NSF 机构下 73 篇论文数据源
2008—2017 年	集合 1	集合 2	集合 3
2008—2009 年	集合 1-1	集合 2-1	无
2010—2011 年	集合 1-2	集合 2-2	无
2012—2013 年	集合 1-3	集合 2-3	无
2014—2015 年	集合 1-4	集合 2-4	无
2016—2017 年	集合 1-5	集合 2-5	无

集合 1、集合 2 及集合 3 的各个子时期的发文量如图 4.2、图 4.3、图 4.4 所示：

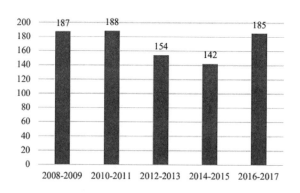

图 4.2 集合 1 内各个子时期发文量统计图

然后在 KNIME 平台上对各个子时期的数据集进行数据预处理，主要工作包括将获取的论文进行过滤停用词、分词等步骤，为下一步主题识别奠定数据基础。

四、实验过程与参数设置

利用开源数据挖掘平台 KNIME 的 LDA（Latent Dirichlet Allocation，LDA）主题识别模块进行主题识别。在使用 KNIME 平台进行 LDA 主

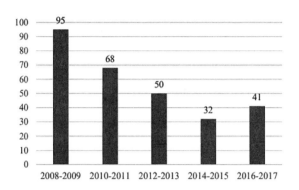

图 4.3　集合 2 内各个子时期发文量统计图

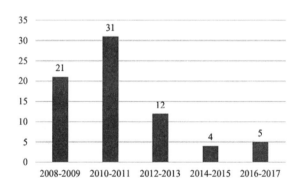

图 4.4　集合 3 内各个子时期发文量统计图

题抽取时,需要对主题的参数进行设置。本实验相关参数设置如下:

　　No.of topic 主题数:根据 Elbow 的主题困惑度计算结果,选取最优主题数量;

　　No.of words per topic:15;

　　Alpha:0. 5;

　　Beta:0. 1;

　　No.of iteration:2000;

　　No.of thread:8。

第四节　结果分析

一、集合 1　研究前沿主题分析

数据集合 1 是全球 856 篇高被引论文十年时间段数据集合。

1. 主题困惑度

数据集合 1 经过 Elbow 主题困惑度计算,结果如下图所示:

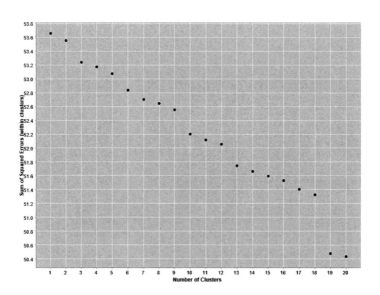

图 4.5　集合 1 的主题困惑度结算结果

由此可以发现 10 个主题时困惑度最低,因此对全球 856 篇高被引论文十年时间段数据集进行 LDA 识别时,将 No.of topics 的数值设置为 10,此时可以取得整个数据集最准确的主题识别结果。

2. LDA 主题识别结果

将数据全球 856 篇高被引论文十年时间段数据集进行 LDA 主题识别,识别结果如表 4.2 所示:

表4.2　集合1LDA主题识别结果

子主题	主题词内容
集合1-主题0	Oxygen｜Reduct｜Nitrogen-Dop｜Reaction｜Electrocatalyst｜High｜Activiti｜Electrocatalyt｜Efficient｜Applicat｜Multiwal｜Role｜Synthesi｜Function｜Dispers
集合1-主题1	composit｜function｜grade｜analysi｜reinforc｜plate｜nanotube-reinforc｜vibrat｜elast｜beam｜method｜theori｜element-fre｜shell｜model
集合1-主题2	properti｜potenti｜chemic｜applic｜water｜treatment｜biomed｜oxid｜pulmonari｜toxic｜separ｜DNA｜transport｜deposit｜Inhalat
集合1-主题3	electrod｜batteri｜supercapacitor｜composit｜materi｜determin｜electrochem｜graphen｜perform｜sensor｜film｜anod｜nanocomposit｜synthesi｜flexibl
集合1-主题4	Batteri｜Composit｜Electrod｜Supercapacitor｜High-Perform｜Flexibl｜Film｜Hybrid｜Graphen｜Lithium-Sulfur｜Materi｜Cathod｜Fiber｜Lithium｜Stretchabl
集合1-主题5	oxid｜solut｜aqueous｜remov｜adsorpt｜multiwal｜catalyst｜metal｜dye｜activ｜Remov｜water｜Adsorption｜magnet｜ion
集合1-主题6	Graphen｜Multiwal｜Metal｜Chemic｜Mechan｜Aqueous｜Transistor｜Select｜Structur｜Determin｜Transpar｜Electron｜Print｜Sensor｜Nanomateri
集合1-主题7	nanofluid｜thermal｜temperatur｜hybrid｜cell｜wall｜deliveri｜experiment｜Effect｜heat｜solar｜drug｜perform｜transfer｜conduct
集合1-主题8	composit｜graphen｜nanocomposit｜properti｜conduct｜mechan｜polym｜enhanc｜sensor｜effect｜electr｜shield｜activ｜reinforc｜nanoparticl
集合1-主题9	Hydrogen｜Hybrid｜Evolut｜Efficient｜Water｜High｜Catalyst｜Nanotube-Graphen｜Reaction｜Electrocatalyst｜Stabl｜Active｜Sorption｜fulleren｜Molybdenum

经LDA主题识别后,全球856篇高被引论文在2008年至2017年的10个主要主题为:Oxygen(制氧)、Composite(碳纳米管复合材料)、Property(碳纳米管属性)、Electrode(电极)、Battery(碳纳米管电池)、Oxidation(氧化)、Graphene(石墨烯)、Nanofluid(纳米流体)、Hydrogen

（制氢）。根据每个单词后所附带其他主题词,对其解读如下:

第一个主题主要为 Oxygen Reduction Reaction（氧还原反应）,其中碳纳米管主要作为氧还原反应的催化剂。

第二个主题为 Carbon Nanotube Reinforced Composite（碳纳米管增强复合材料）,主要是利用碳纳米管优异的力学性能,用其作为增强材料制备而成的碳纳米管增强高分子基复合材料。

第三个主题为 Chemical Property,研究碳纳米管的化学性能,并评价与碳纳米管接触或吸入后,其对人体各个器官,尤其是肺部的潜在危害。

第四个主题为应用在电池及超级电容器中的碳纳米管复合电极。

第五个主题为制备高性能柔性可延展的锂硫电池。碳纳米管在电池中可用来制作复合电极材料、负极活性材料、导电添加剂以及新型锂硫电池用复合导电载体。

第六个主题为通过氧化多壁碳纳米管使其存放于水溶液中。

第七个主题为石墨烯金属复合材料。

第八个主题为碳纳米管—纳米流体导热系数研究。

第九个主题为石墨烯复合材料的化学性能研究。

第十个主题为用于析氢反应的碳纳米管杂化催化剂。

3. 主题关联分析

把识别出的研究主题,按照本书提出的主题关联分析方法,将数据导入 Gephi 后得到主题关联图谱如图 4.6 所示:

由主题关联可视化图谱可以得到,各个主题在主题网络中的位置（主题向心度,中心性越高则主题越处于研究的核心位置,与其他主题存在较强联系）,图中处于中心位置的核心主题为主题 1 Composite（碳纳米管复合材料）,同时,主题 3、主题 4、主题 6 与主题 8 都相应的存在碳纳米管复合材料的内容。该主题的主要研究内容包括:碳纳米管复合材料的功能、等级等,主要是利用碳纳米管优异的力学性能,用其作

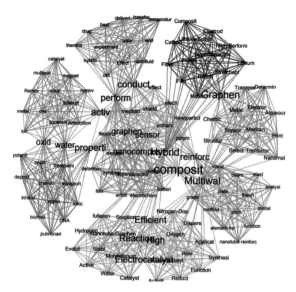

图4.6 集合1主题关联可视化图谱

为增强材料制备而成的碳纳米管增强高分子基复合材料,可视为本时期内的研究主题。

4. 主题强度分析

各主题的主题强度计算结果如表4.3所示:

表4.3 集合1内各主题强度计算结果

主题	主题0	主题1	主题2	主题3	主题4	主题5	主题6	主题7	主题8	主题9
主题强度	65	71	51	105	164	139	68	72	82	39

对LDA识别结果进行回溯,按照主题顺序进行排序,然后统计每个主题下有多少篇论文,去除重复选项,得到每个数据集所包含的论文数量。每个主题所包含的数量不一样,因此可以对结果进行排序,得到包含论文数量最多的那个主题。对集合1进行整理后,得到论文数量最多的主题为主题4,共包含论文数量164篇。第五个主题为制备高性能柔性可延展的锂硫电池。碳纳米管在电池中可用来制作复合电极

143

材料、负极活性材料、导电添加剂以及新型锂硫电池用复合导电载体。

5. 主题新颖度分析

各主题的新颖度计算结果如表 4.4 所示：

表 4.4　集合 1 内各主题新颖度计算结果

主题	主题0	主题1	主题2	主题3	主题4	主题5	主题6	主题7	主题8	主题9
新颖度	2012.462	2013.338	2010.902	2012.648	2012.732	2012.489	2010.897	2012.75	2012.122	2012.103

集合 1 内各个数据间的差异为 10 年，并且各个主题所包含的论文数量不一，因此，可以对每个主题所包含的论文进行平均年计算。将主题下所有论文年份进行相加，然后与论文数量相比，可以得到平均年，当一个主题的平均年数字比较小时，本书认为此主题距离现在较远，主题相对陈旧。反之，当一个主题的平均年数值较大时，本书则认为此主题相对年轻，可持续发展。在集合 1 内，10 个主题的平均年跨越 2010年至 2013 年，数值最大的主题为主题 1，其平均年数值为 2013.338，主题 1 的主要内容为碳纳米管增强复合材料，主要是利用碳纳米管优异的力学性能，用其作为增强材料制备而成的碳纳米管增强高分子基复合材料。

6. 主题影响力分析

各主题的影响力计算结果如表 4.5 所示：

表 4.5　集合 1 内各主题影响力计算结果

主题	主题0	主题1	主题2	主题3	主题4	主题5	主题6	主题7	主题8	主题9
影响力	19426	10997	12702	20644	39841	27489	19938	13988	25118	8836

集合 1 内各个主题包含的论文数量不同，并且单篇论文的被引频次也不相同，因此本书将每个主题内每篇论文的主题被引频次进行相加，得到此主题在论文数据源的总被引频次，本书称之为主题影响力，

当一个主题的被引频次数值比较大时,则此主题受到较大的关注,并且持续被引,在集合 1 内的 10 个主题中,主题 4 的被引频次数值最大,为39841 次,主题 4 内容为制备高性能柔性可延展的锂硫电池。碳纳米管在电池中可用来制作复合电极材料、负极活性材料、导电添加剂以及新型锂硫电池用复合导电载体。

7. 主题演化分析

根据主题相似度计算结果,按照本书提出的主题研究方法,利用Echarts 中的 Sankey Diagram 模块得到主题词演化图谱,如图 4.7 所示:

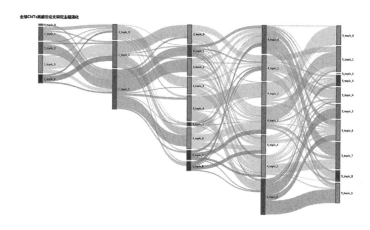

图 4.7　集合 1 主题演化可视化图谱

集合 1 内的数据在时间上的跨度为 10 年,本书在可视化展示时,将数据按照两年时间段进行切片划分,并且将前期 LDA 处理结果导入Javascript 的 Echarts 包,得到各个主题在 10 年时间段的发展状况。

在 2008—2009 年时间段,主题 0 相对较小,输出能力也较弱,而主题 1—4 各有 3 条输出线,在后续年份中,得以继续发展。

在 2010—2011 年时间段的主题中,主题 0—2 在吸收前期的主题内容的同时,都相继产生了新兴内容,其中主题 2 吸收内容最多,为 5条,同时产生新兴内容也最多,向外输出能力较强。

在 2012—2013 年时间段中,topic4 相对较大,但其前期只吸收了相对较小的一部分,大部分内容为本时期自身产生,且其输出较为集中,分支较少。topic5 相对较小,但其前期吸收和后期输出都有较多线条。

在 2014—2015 年时间段中,虽主题数量不是较多,但是各个主题的影响力较大,没有在下个时间段消失的主题,且整个时期段为此 5 个时期段中最长的一个时期段,其中主题 6 在吸收前期内容的同时,也产生了大量内容,向下一时期输出。

2016—2017 年时间段是 5 个时期段中主题数量最多的一个时期段,共产生 10 个主题,其中主题 2 为独立主题且没有吸收前期其他主题,在主题 2 产生的同时,其相对较小,可在未来产生一定影响。

二、集合1-1 研究前沿主题分析

数据集合1-1是全球高被引论文2008—2009年时间段数据集合。

1. 主题困惑度

数据集合 1-1 经过 Elbow 主题困惑度计算结果如图 4.8 所示:

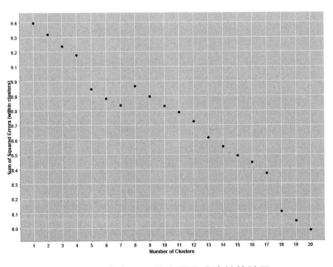

图 4.8 集合 1-1 的主题困惑度结算结果

由此可以发现 5 个主题时困惑度最低,因此对全球高被引论文
2008—2009 年时间段数据集进行 LDA 识别时,将 No.of topics 的数值
设置为 5,此时可以取得整个数据集最准确的主题识别结果。

2. LDA 主题识别结果

将全球高被引论文 2008—2009 年时间段数据集进行 LDA 主题识
别,识别结果如表 4.6 所示:

表 4.6　集合 1-1 LDA 主题识别结果

子主题	主题词内容
集合 1-1-主题 0	probe ┃ imag ┃ drug ┃ nonloc ┃ elast ┃ deliveri ┃ fluoresc ┃ mice ┃ cell ┃ molecular ┃ near-infrar ┃ sensor ┃ wall ┃ model ┃ pro
集合 1-1-主题 1	film ┃ electrod ┃ transpar ┃ supercapacitor ┃ electron ┃ activ ┃ coat ┃ flexibl ┃ transfer ┃ thermal ┃ fabric ┃ array ┃ alig
集合 1-1-主题 2	composit ┃ oxid ┃ nanoparticl ┃ properti ┃ function ┃ batteri ┃ polym ┃ conduct ┃ electr ┃ coat ┃ improv ┃ methanol ┃ anod ┃ network ┃ materi
集合 1-1-主题 3	multiwal ┃ aqueous ┃ solut ┃ adsorpt ┃ remov ┃ composit ┃ mechan ┃ oxid ┃ nanocomposit ┃ organ ┃ strong ┃ adsorb ┃ treatment ┃ acid ┃ activ
集合 1-1-主题 4	multiwal ┃ growth ┃ water ┃ metal ┃ mechan ┃ reson ┃ transport ┃ effici ┃ solid ┃ cell ┃ environment ┃ ion ┃ extract ┃ select ┃ applic

全球高被引论文在 2008 年至 2009 年的 5 个主要主题为:probe
(探测器)、film(碳纳米管薄膜)、composite(碳纳米管复合材料)、multi-
wall(多层碳纳米管)。

第一个主题是基于碳纳米管的光探测,主要探测光线是红外线,主
要是使用碳纳米管薄膜作为光探测器的半导体。

第二个主题为碳纳米管薄膜制作透明电极应用在超级电容器中,
研制高性能柔性透明导电薄膜电极,应用在透明超级电容器中,再制成
柔性电子器件。

第三个主题为碳纳米管增强复合材料,主要是利用碳纳米管优异

的力学性能,用其作为增强材料制备而成的碳纳米管增强高分子基复合材料。

第四个主题为碳纳米管的制备,使用化学气相沉积技术合成的多壁碳纳米管水溶液。

第五个主题为水对多壁碳纳米管初始生长速率的影响。

3. 主题关联分析

把识别出的研究主题,按照本书提出的主题关联分析方法,将数据导入 Gephi 后得到主题关联图谱如图 4.9 所示:

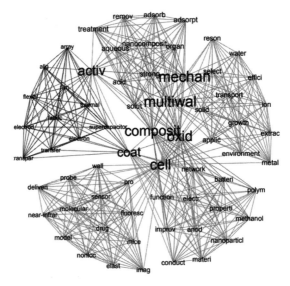

图 4.9　集合 1-1 主题关联可视化图谱

由主题关联可视化图谱可以得到,图中处于中心位置的核心主题是主题 2 composite(碳纳米管复合材料),这表明,全球高被引论文在 2008 年至 2009 年的主要研究主题是利用碳纳米管优异的力学性能,用其作为增强材料制备而成的碳纳米管增强高分子基复合材料。该主题的主要研究内容包括:碳纳米管复合材料的特性、在电池、电极方面的应用等内容,可视为本时期内的热点研究主题。

4. 主题强度分析

集合 1-1 各主题的强度计算结果如表 4.7 所示:

表 4.7 集合 1-1 内各主题强度计算结果

主题	主题 0	主题 1	主题 2	主题 3	主题 4
论文数量	30	49	35	38	35

由此得出,全球高被引论文在 2008—2009 年的时间段数据集的 5 个主题中,相对论文数量较多的主题是主题 1,其论文数量明显多于其他 4 个主题。其主要研究内容是第二个主题为碳纳米管薄膜制作透明电极应用在超级电容器中,研制高性能柔性透明导电薄膜电极,应用在透明超级电容器中,再制成柔性电子器件。

5. 主题影响力分析

集合 1-1 各主题的影响力计算结果如表 4.8 所示:

表 4.8 集合 1-1 内各主题影响力计算结果

主题	主题 0	主题 1	主题 2	主题 3	主题 4
论文数量	11653	24507	12844	12709	12228

由此得出,主题内论文数量最多及被引频次最高的主题为主题 1 碳纳米管薄膜,与主题强度分析得到的主题一致,并且其被引频次远远高于其余主题,这与其数量上的优势有一定关系,主题 1 主要研究柔性材料,导热性能,电极及超级电容器等内容,使用碳纳米管薄膜制作透明电极应用在超级电容器中,研制高性能柔性透明导电薄膜电极,应用在透明超级电容器后再制成柔性电子器件。

三、集合 1-2 研究前沿主题分析

集合 1-2 为全球高被引论文 2010—2011 年时间段数据集合。

1. 主题困惑度

数据集合 1-2 经过 Elbow 主题困惑度计算结果如图 4.10 所示：

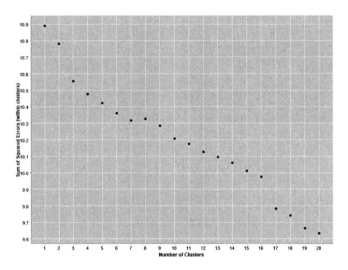

图 4.10　集合 1-2 的主题困惑度结算结果

由此可以发现 3 个主题时困惑度最低,因此对全球高被引论文 2010—2011 年时间段数据集进行 LDA 识别时,将 No.of topics 的数值设置为 3,此时可以取得整个数据集最准确的主题识别结果。

2. LDA 主题识别结果

将全球高被引论文 2010—2011 年时间段数据集进行 LDA 主题识别,识别结果如表 4.9 所示：

表 4.9　集合 1-2 内各主题及其主题词

子主题	主题词内容
集合 1-2_主题 0	reduct | oxygen | dope | thermal | beam | vibrat | behavior | re-action | metal-fre | effici | nonlinear | activ | nitrogen-dop | composit | free
集合 1-2_主题 1	oxid | multiwal | graphen | solut | adsorpt | applic | character | water | aqueous | remov | electrod | determin | spectroscopi | past | raman

子主题	主题词内容
集合 1-2_主题 2	composit｜electrod｜film｜supercapacitor｜graphen｜electro-chem｜materi｜cell｜batteri｜properti｜nanocomposit｜hybrid｜anod｜flexibl｜high-perform

可以得出全球高被引论文在2010—2011年的3个主要主题为：reduction（减少）、oxide（氧化）、composite（碳纳米管复合材料）。

第一个主题为研究高电催化氧还原活性的氮掺杂碳纳米管,阵列碳纳米管对于氧还原和析氧反应都表现出良好的氧还原催化性能,可以作为高效氧气还原催化剂。

第二个主题为在水处理中的使用。石墨烯具有独特的电子和热迁移率,高表面积,高机械强度,优异的耐腐蚀性和可调的表面化学性。然而,相对昂贵,疏水性差,吸附能力和再循环性低,限制了它们的实际应用。通过热处理从还原的氧化石墨烯生产高度多孔的石墨烯,所制备的多孔石墨烯纳米片在疏水性、吸附能力和可回收性方面表现出明显的改善,使其成为理想的水处理候选材料。有助于实现高效和具有成本效益的水净化和污染减少。

第三个主题为碳纳米管复合材料,与上个时间段使用其优异的力学性能做增强材料不同的是,此碳纳米管复合材料应用在电极方面,从而制备超级电容器等。将碳纳米管薄膜应用于有机半导体中制备碳纳米管复合材料柔性电池。

3. 主题关联分析

把识别出的研究主题,按照本书提出的主题关联分析方法,将数据导入 Gephi 后得到主题关联图谱如图 4.11 所示：

由主题关联可视化图谱可以得到,全球高被引论文 2010—2011 年时间段数据集处于中心位置的核心主题为主题 2 composite（碳纳米管复合材料）,该主题的主要研究内容包括：碳纳米管薄膜、超级电容器、

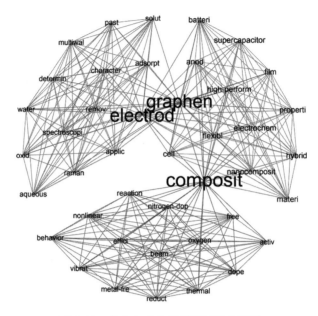

图 4.11　集合 1-2 主题关联可视化图谱

电极等内容,将碳纳米管薄膜应用于有机半导体中制备碳纳米管复合材料柔性电池。

4. 主题强度分析

集合 1-2 各主题的强度计算结果如表 4.10 所示:

表 4.10　集合 1-2 内各主题强度计算结果

主题	主题 0	主题 1	主题 2
论文数量	45	64	79

在全球高被引论文 2010—2011 年时间段数据集中,各个主题内包含论文数量最多的主题为主题 2 碳纳米管复合材料,与主题关联分析得到的主题一致,主要研究碳纳米管薄膜、超级电容器、电极等内容,将碳纳米管薄膜应用于有机半导体中制备碳纳米管复合材料柔性电池。

5. 主题影响力分析

集合 1-2 各主题的强度计算结果如表 4.11 所示:

表 4.11　集合 1-2 内各主题影响力计算结果

主题	主题 0	主题 1	主题 2
被引频次	12443	17624	31204

在全球高被引论文 2010—2011 年时间段数据集中,各个主题内包含论文被引频次最高的主题为主题 2 碳纳米管复合材料,此主题是与主题关联分析、主题强度分析及主题影响力分析结果一致的主题,并且与上一时期的主题强度分析得到的碳纳米管薄膜相对应,在前一时间段为研究碳纳米管薄膜,而本时间段为研究碳纳米管薄膜在超级电容器及电池里的应用,呈现由理论分析到实际应用的过渡。

四、集合 1-3　研究前沿主题分析

数据集合 1-3 是全球高被引论文 2012—2013 年时间段数据集合。

1. 主题困惑度

数据集合 1-3 经过 Elbow 主题困惑度计算结果如图 4.12 所示:

由此可以发现 9 个主题时困惑度最低,因此对全球高被引论文 2012—2013 年时间段数据集合进行 LDA 识别时,将 No.of topics 的数值设置为 9,此时可以取得整个数据集合最准确的主题识别结果。

2. LDA 主题识别结果

将全球高被引论文 2012—2013 年时间段数据集合进行 LDA 主题识别,识别结果如表 4.12 所示:

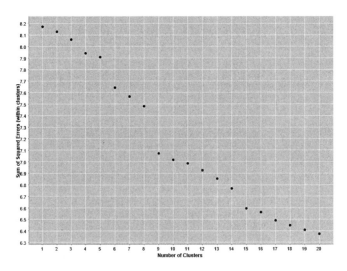

图 4.12　集合 1-3 的主题困惑度结算结果

表 4.12　集合 1-3 内各主题及其主题词

子主题	主题词内容
集合 1-3_主题 0	remov｜nanocomposit｜solut｜aqueous｜adsorpt｜blue｜methylen｜dye｜separ｜enhanc｜oxid｜water｜orang｜methyl｜heavi
集合 1-3_主题 1	graphen｜hybrid｜composit｜effect｜compar｜electrochem｜conduct｜properti｜solvent｜coat｜aerogel｜select｜surfac｜foam｜glucos
集合 1-3_主题 2	supercapacitor｜electrod｜flexibl｜high-perform｜network｜asymmetr｜chemic｜integr｜ultrathin｜layer｜film｜nanostructur｜all-solid-st｜mesopor｜nanocomposit
集合 1-3_主题 3	oxygen｜reduct｜composit｜plate｜function｜electrocatalyst｜activ｜beam｜reaction｜nitrogen｜method｜nanotube-reinforc｜grade｜analysi｜buckl
集合 1-3_主题 4	effici｜high｜solar｜nanofluid｜fiber｜collector｜flat-plat｜mwcnt-h2o｜investig｜experiment｜oxidemultiwal｜tio2｜electron｜cell｜sorption
集合 1-3_主题 5	composit｜sheath｜nanomateri｜free-stand｜storag｜revers｜interlay｜mwcnt｜insert｜approach｜nanojunct｜induc｜monitor｜critic｜water

续表

子主题	主题词内容
集合 1-3_主题 6	batteri ｜ perform ｜ composit ｜ materi ｜ lithium ｜ electrod ｜ anod ｜ cathod ｜ applic ｜ capac ｜ ion ｜ graphen ｜ recharg ｜ power ｜ multi-wal
集合 1-3_主题 7	synthesi ｜ magnet ｜ organ ｜ drug ｜ deliveri ｜ properti ｜ model ｜ target ｜ wall ｜ coupl ｜ heterojunct ｜ oxid ｜ carbon-co ｜ assembl ｜ stepwis
集合 1-3_主题 8	toxic ｜ surfac ｜ determin ｜ catalyt ｜ oxid ｜ sensor ｜ nh ｜ support ｜ fabric ｜ select ｜ reduct ｜ metal ｜ transpar ｜ pulmonari ｜ imag

可以得出全球 856 篇论文在 2012 年至 2013 年的 9 个主要主题为:removal(切除)、graphene(石墨烯)、supercapacitor(超级电容器)、oxygen(氧)、efficient(高效)、composite(碳纳米管混合物)、battery(电池)、synthesis(合成)、toxicology(毒理学)。

第一个主题为通过氧化物碳纳米管纳米复合材料从水溶液中除去金属。

第二个主题为基于石墨烯的混合复合材料,其可用于先进的储能和转换装置。

第三个主题为应用碳纳米管电极的高性能柔性超级电容器。

第四个主题为碳纳米管复合电催化剂用于氧还原反应。

第五个主题为用于可穿戴和植入式生物电子学的芯鞘纳米线复合材料。

第六个主题为纳米流体作为平板太阳能集热器的传热剂。

第七个主题为研制碳纳米管复合材料做电极使用在锂硫电池中并提高电池性能。

第八个主题为碳纳米管在药物(多糖,蛋白质等大分子)方面的输送,以碳纳米管为载体的药物有许多优点,可以提高药品的安全性,并实现更具有针对性的药品使用,与此同时可提高生物利用度,并且延长药物或基因药物对组织的作用,从而提高化学药物治疗稳定性、酶降解

155

药物的效率等,碳纳米管的官能基与生物活性特别适合用于靶向给药。

第九个主题为碳纳米管的毒理研究,科研人员长时间接触碳纳米管是否对身体造成伤害需进行一系列小鼠实验,科研人员希望通过对碳纳米管的毒理研究后可制定碳纳米管行业规范,可使本国掌握碳纳米管制造有关企业的发展方向。

3.主题关联分析

把识别出的研究主题,按照本书提出的主题关联分析方法,将数据导入 Gephi 后得到主题关联图谱如图 4.13 所示:

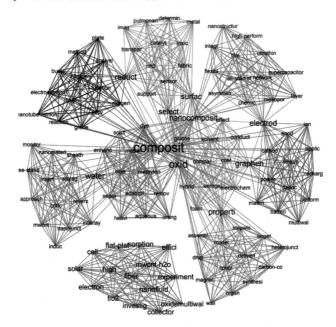

图 4.13　集合 1-3 主题关联可视化图谱

由主题关联可视化图谱可以得到,图 4.13 中处于中心位置的核心主题为主题 5 composite(碳纳米管混合物),该主题的主要研究内容包括:容量、多壁碳纳米管、检测器等内容,纳米流体作为平板太阳能集热器的传热剂。太阳能作为可再生能源可以填补人类对能源的过度需求。

4. 主题强度分析

集合 1-3 各个主题的强度计算结果如表 4.13 所示：

表 4.13　集合 1-3 内各主题强度计算结果

主题	主题 0	主题 1	主题 2	主题 3	主题 4	主题 5	主题 6	主题 7	主题 8
论文数量	15	15	25	16	17	8	30	16	12

主题内论文数量最多的主题为主题 6 battery（电池）。其中主要研究碳纳米管电池的性能、锂硫电池、电极及应用等内容。研制碳纳米管复合材料用作电极使用提高锂硫电池的性能。锂硫电池具有广泛的应用前景，但是它存在很多问题，导致其应用上遇到了很大的阻力。锂硫电池的电导率较差，从而导致了锂硫电池具有较低的放电容量、较低的充放电效率以及倍率性能。并且锂硫电池具有较高的阻抗，降低了电池的安全性能。目前对锂硫电池的改进主要集中在对隔膜进行改性，从而使锂硫电池市场化。

5. 主题影响力分析

集合 1-3 各个主题的影响力计算结果如表 4.14 所示：

表 4.14　集合 1-3 内各主题影响力计算结果

主题	主题 0	主题 1	主题 2	主题 3	主题 4	主题 5	主题 6	主题 7	主题 8
被引频次	3465	3462	5058	4406	3277	1654	6027	5161	2090

主题内论文被引频次最高的主题为主题 6 battery（电池）。其中主要研究碳纳米管电池的性能、锂硫电池、电极及应用等内容。研制碳纳米管复合材料用作电极使用，提高锂硫电池的性能。与同期主题强度分析结果一致。

五、集合 1-4　研究前沿主题分析

数据集合 1-4 是全球高被引论文 2014—2015 年时间段数据集合。

1. 主题困惑度

数据集合 1-4 经过 Elbow 主题困惑度计算结果如图 4.14 所示：

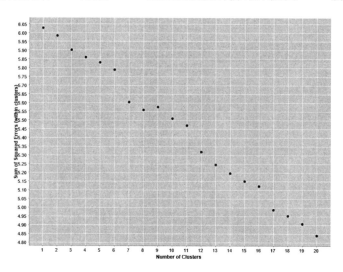

图 4.14　集合 1-4 的主题困惑度结算结果

由此可以发现 7 个主题时困惑度最低,因此对全球高被引论文 2014—2015 年时间段数据集合进行 LDA 识别时,将 No.of topics 的数值设置为 7,此时可以取得整个数据集最准确的主题识别结果。

2. LDA 主题识别结果

将数据全球高被引论文 10 年时间段数据集进行 LDA 主题识别,识别结果如表 4.15 所示:

表 4.15　集合 1-4 内各主题及其主题词

子主题	主题词内容
集合 1-4_主题 0	batteri｜high-perform｜electrod｜composit｜conduct｜sulfur｜a-lign｜lithium-sulfur｜fiber｜anod｜lithium-ion｜array｜transpar｜stretchabl｜sensor
集合 1-4_主题 1	nanocomposit｜nanofluid｜water｜properti｜transfer｜absorpt｜electromagnet｜enhanc｜oxid｜low｜thermal｜direct｜purif｜heat｜superior

子主题	主题词内容
集合 1-4_主题 2	composit｜grade｜function｜plate｜reinforc｜analysi｜nanotube-reinforc｜element-fre｜thick｜vibrat｜panel｜cylindr｜fg-cnt｜buckl｜dynam
集合 1-4_主题 3	adsorpt｜remov｜magnet｜ion｜solut｜aqueous｜materi｜organ｜perform｜composit｜nanostructur｜graphene-carbon｜contamin｜synthet｜natur
集合 1-4_主题 4	graphen｜determin｜electrod｜captopril｜articl｜anniversari｜25th｜chemic｜separ｜spong｜applic｜modifi｜combin｜trans-par｜lubric
集合 1-4_主题 5	supercapacitor｜flexibl｜composit｜graphen｜energi｜asymmetr｜hybrid｜nanotube-graphen｜wire-shap｜synthesi｜hierarch｜solar｜fiber｜life｜cycl
集合 1-4_主题 6	hybrid｜evolut｜hydrogen｜high｜catalyst｜electrocatalyst｜ac-tiv｜reaction｜effici｜nanoparticl｜nitrogen-dop｜oxygen｜oxid｜bifunct｜n-dope

由表 4.15 可以得出,全球 856 篇论文在 2014 年至 2015 年的 7 个主要主题为:battery(电池)、nanocomposite(纳米复合材料)、composite(综合)、adsorption(吸附)、graphene(石墨烯)、supercapacitor(超级电容器)、hybrid(混合物)。

第一个主题主要是碳纳米管复合结构作为电极材料用于锂硫电池、传感器及超级电容器中。碳纳米管的高活性表面积可以实现高的能量密度、比电容和功率密度,提高锂硫电池等应用的性能。

第二个主题为碳纳米管复合材料的实际应用,通常情况下,纳米流体较多指代为石墨烯纳米流体,碳纳米复合材料作为太阳能蒸汽技术的关键材料,具有较高的吸光性能,并且有优良的物理化学性能以及热稳定性,可以满足于各种环境下的使用,可广泛应用于太阳能光热发电、海水淡化、污水处理、医疗消毒等领域。

第三个主题与上一主题相似,同为碳纳米管复合材料。

第四个主题为碳纳米管作为一种有潜力的添加剂,与多种聚合物基质材料一起复合形成高性能微波吸收材料。高性能微波吸收材料可以分为电损耗或磁损耗材料。通常包含添加剂如碳纳米管的高性能微波吸收材料为电损耗。

第五个主题为石墨烯电极的制造,石墨烯的高导电性、高比表面积、二维连续结构的特性使其可以提高电化学储能材料的性能。

第六个主题为碳纳米管薄膜制造电极应用在超级电容器,使其安装在柔性设备中,使可穿戴智能设备逐渐成熟。

第七个主题为碳纳米管混合物制造催化剂。碳纳米管催化剂具有可调控的高表面积结构、析氢过电位高、稳定性好、成本低等特点,可应用为电化学还原催化剂材料。

3. 主题关联分析

把识别出的研究主题,按照本书提出的主题关联分析方法,将数据导入 Gephi 后得到主题关联图谱如图 4.15 所示:

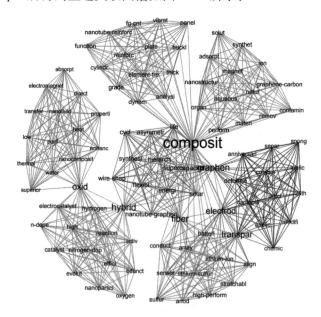

图 4.15　集合 1-4 主题关联可视化图谱

由主题关联可视化图谱可以得到,图4.15中处于中心位置的核心主题为主题2 composite(复合材料),该主题的主要研究内容包括:功能梯度碳纳米管增强复合材料、自由振动、动力学等内容,碳纳米复合材料作为太阳能技术的关键材料,具有较高的吸光性能,并且有优良的物理化学性能以及热稳定性,可以满足多种环境使用,可广泛应用于太阳能光热发电、海水淡化、污水处理、医疗消毒等领域。

4. 主题强度分析

各主题的强度计算结果如表4.16所示:

表4.16 集合1-4内各主题强度统计

主题	主题0	主题1	主题2	主题3	主题4	主题5	主题6
论文数量	24	19	18	18	10	20	33

通过表4.16可以看到,主题内论文数量最多的主题为主题6 hybrid(混合物)。其中主要研究催化剂、电催化剂、氮掺杂、制备氢气。碳纳米管催化剂具有可调控的高表面积结构、析氢过电位高、稳定性好、成本低等特点,可应用为电化学还原催化剂材料。

5. 主题影响力分析

各主题的影响力计算结果如表4.17所示:

表4.17 集合1-4内各主题影响力统计

主题	主题0	主题1	主题2	主题3	主题4	主题5	主题6
被引频次	3874	2194	1744	1815	1450	3572	5919

通过表4.17可以看到,主题内论文被引频次最高的主题为主题6 hybrid(混合物)。其中主要研究催化剂、电催化剂、氮掺杂、制备氢气。碳纳米管催化剂具有可调控的高表面积结构、析氢过电位高、稳定性好、成本低等特点,可应用为电化学还原催化剂材料。

六、集合 1-5　研究前沿主题分析

数据集合 1-5 是全球高被引论文 2016—2017 年时间段数据集合。

1. 主题困惑度

数据集合 1-5 经过 Elbow 主题困惑度计算结果如图 4.16 所示：

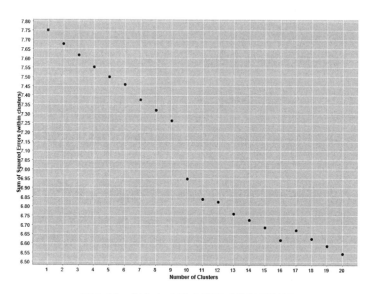

图 4.16　集合 1-5 的主题困惑度结算结果

　　由此可以发现 10 个主题时困惑度最低, 因此对全球高被引论文 2016—2017 年时间段数据集合进行 LDA 识别时, 将 No. of topics 的数值设置为 10, 此时可以取得整个数据集最准确的主题识别结果。

　　2. LDA 主题识别结果

　　将数据全球高被引论文十年时间段数据集进行 LDA 主题识别, 识别结果如表 4.18 所示：

表 4.18　集合 1-5 内各主题及其主题词

子主题	主题词内容
集合 1-5_主题 0	grade | function | reinforc | composit | shell | plate | vibrat | model | buckl | axial | conic | analysi | cnt-reinforc | nanotube-reinforc | free
集合 1-5_主题 1	nanocomposit | adsorpt | remov | aqueous | solut | behavior | properti | metal | synthesi | oxid | organ | mechan | graphen | heavi | magnet
集合 1-5_主题 2	theori | gradient | strain | propag | wave | nanofib | assess | system | densiti | nonloc | sandwich | viscoelast | embed | field | polypyrrol
集合 1-5_主题 3	composit | enhanc | matrix | reaction | interfaci | reinforc | xps | human | combin | structur | load | effici | region | interphas | wall
集合 1-5_主题 4	nanofluid | effect | thermal | hybrid | flow | temperatur | experiment | perform | heat | conduct | concentr | wall | convect | transfer | viscos
集合 1-5_主题 5	nitrogen-dop | encapsul | catalyst | oxygen | nanocryst | anchor | synthesi | bifunct | polym | advanc | reaction | electrod | substrat | sourc | vapour
集合 1-5_主题 6	sensor | determin | electrochem | graphen | sensit | stretchabl | employ | oxid | composit | nanoparticl | food | voltammetr | high | analysi | milk
集合 1-5_主题 7	batteri | lithium-sulfur | composit | cathod | high-perform | storag | hierarch | materi | film | flexibl | anod | supercapacitor | electrod | fiber | binder-fre
集合 1-5_主题 8	conduct | nanocomposit | shield | interfer | electromagnet | electr | enhanc | polym | composit | perform | improv | three-dimension | interact | framework | negat
集合 1-5_主题 9	effici | high | electrocatalyst | oxygen | activ | reduct | water | hybrid | control | cobalt | confin | structur | catalysi | align | catalyst

由表 4.18 可以得出全球 856 篇论文在 2016 年至 2017 年的 10 个主要主题为：grade（等级）、nanocomposite（纳米复合材料）、theory（理论）、composite（碳纳米管复合物）、nanofluid（纳米流体）、nitrogen-dope

（氮掺杂）、sensor（传感器）、battery（电池）、conduct（进行）efficient（高效）。根据每个单词后所附带其他主题词，可将主题内容具体化，第一个主题为功能梯度碳纳米管增强复合材料的研究。梯度功能材料是一种新型复合材料，由两种或多种材料复合而成，且这些材料的成分和结构呈连续梯度变化，符合现代航天航空工业等高技术领域的需求，即使在极限环境下，也可以反复地正常工作。第二个主题为碳纳米管复合材料吸收水溶液中的金属。第三个主题为基于梯度理论的碳纳米管弯曲波传播规律的研究。第四个主题为碳纳米管增强复合材料，碳纳米管的优异的力学性能、物理性能和化学性能，使其成为金属基复合材料理想的增强体。第五个主题为在基液中添加特定纳米材料的方式形成的一种具有高导热系数、高换热系数的均匀稳定悬浮液。制备性能稳定、优异的纳米流体是近年来国内外储能领域的研究热点。第六个主题为氮掺杂碳纳米管制作电解水制氢催化剂。第七个主题为碳纳米管传感器在可穿戴设备中的研究。第八个主题为碳纳米管薄膜应用在锂硫电池的电极中。第九个主题为碳纳米管复合材导电剂以提高锂电池的多种性能。第十个主题为碳纳米管制电化学析氧电催化剂。

3. 主题关联分析

把识别出的研究主题，按照本书提出的主题关联分析方法，将数据导入 Gephi 后得到主题关联图谱如图 4.17 所示：

由主题关联可视化图谱可以得到，图 4.17 中处于中心位置的核心主题为主题 3 composite（碳纳米管复合物），碳纳米管的优异的力学性能、物理性能和化学性能，使其成为金属基复合材料理想的增强体。该主题的主要研究内容包括：碳纳米管化合物应用的接口、结构、效率、可进行反应等内容。

4. 主题强度分析

集合 1-5 各主题的强度计算结果如表 4.19 所示：

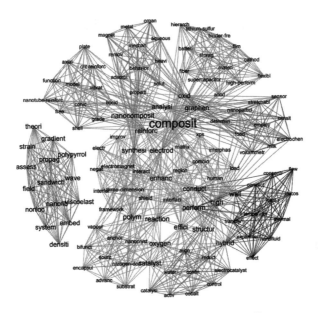

图 4.17　集合 1-5 主题关联可视化图谱

表 4.19　集合 1-5 内各主题强度计算结果

主题	主题0	主题1	主题2	主题3	主题4	主题5	主题6	主题7	主题8	主题9
论文数量	17	22	7	12	28	13	18	38	14	16

通过表 4.19 可以看到,主题内论文数量最多的主题为主题 7
battery(电池)。碳纳米管薄膜应用在锂硫电池的电极中,主要研究高
性能电池、锂硫电池、电极、电池存储能力、柔性电池、超级电容器等
内容。

5. 主题影响力分析

集合 1-5 各主题的影响力计算结果如表 4.20 所示:

表 4.20　集合 1-5 内各主题影响力统计

主题	主题0	主题1	主题2	主题3	主题4	主题5	主题6	主题7	主题8	主题9
被引频次	712	933	219	416	932	898	809	2203	789	688

可以看到,主题内论文被引频次最高的主题为主题 7 battery(电池)。与同期主题强度分析结果相同,此主题不仅在论文数量方面占据优势,其被引频次也随之增多,碳纳米管薄膜应用在锂硫电池的电极中,主要研究高性能电池、锂硫电池、电极、电池存储能力、柔性电池、超级电容器等内容。

七、集合 2 研究前沿主题分析

数据集合 2 是美国 286 篇高被引论文十年时间段数据集合。

1. 主题困惑度

数据集合 2 经过 Elbow 主题困惑度计算结果如图 4.18 所示:

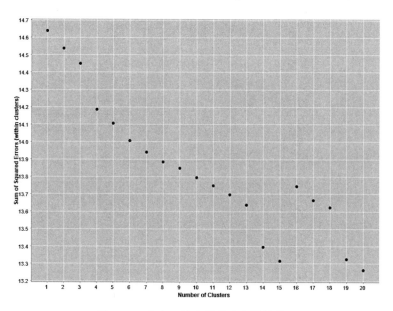

图 4.18　集合 1 的主题困惑度结算结果

由此可以发现 4 个主题时困惑度最低,因此对美国 286 篇高被引论文十年时间段数据集合进行 LDA 识别时,将 No.of topics 的数值设置为 4,此时可以取得整个数据集最准确的主题识别结果。

2. LDA 主题识别结果

将数据全球高被引论文十年时间段数据集进行 LDA 主题识别,识别结果如表 4.21 所示:

表 4.21 集合 2 内各主题及其主题词

子主题	主题词内容
集合 2-主题 0	supercapacitor | film | electrod | graphen | composit | flexibl | sensor | transpar | electrochem | stretchabl | transistor | electron | high-perform | hybrid | conduct
集合 2-主题 1	nanocomposit | water | mice | mechan | chemic | induc | surfac | adsorpt | molecular | toxic | pulmonari | transport | potenti | oxid | conduct
集合 2-主题 2	batteri | graphen | materi | composit | perform | cathod | anod | enhanc | lithium-sulfur | spectroscopi | raman | lithium | cell | function | nanoribbon
集合 2-主题 3	reduct | oxygen | effici | high | activ | electrocatalyst | hybrid | nitrogen-dop | reaction | multiwal | catalyst | deliveri | drug | growth | role

由表 4.21 可以得出全球 286 篇论文在 2008—2017 年的 4 个主要主题为:supercapacitor(超级电容器)、nanocomposite(纳米复合材料)、battery(电池)、reduction(减少)。根据每个单词后所附带其他主题词,可将主题内容具体化,第一个主题为碳纳米管制电极应用在超级电容器中,超级电容器具有极高的功率密度、超快的充放电速率,并且其循环寿命长、较好的稳定性和安全性可以使其应用在便携电子设备、可再生能源、智能电网、交通工具上。第二个主题为碳纳米管复合材料的毒理研究,将其作用在小鼠上以得出结论。第三个主题为碳纳米管复合材料制造电极应用在锂硫电池之中,提高锂硫电池的性能。第四个主题为碳纳米管作为催化剂应用在析氢反应与析氧反应中。

3. 主题关联分析

把识别出的研究主题,按照本书提出的主题关联分析方法,将数据导入 Gephi 后得到主题关联图谱如图 4.19 所示：

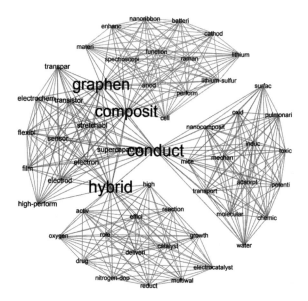

图 4.19　集合 2 主题关联可视化图谱

由主题关联可视化图谱可以得到，图 4.19 中 4 个主题较为均匀地分布在图中，并无某一主题集中在图中央，因此无法通过此图识别此时期的处于中心位置的核心主题。

4. 主题强度分析

集合 2 各主题的强度计算结果如表 4.22 所示：

表 4.22　集合 2 内各主题强度计算结果

主题	主题 0	主题 1	主题 2	主题 3
论文数量	103	65	66	52

主题内论文数量最多的主题为主题 0 supercapacitor（超级电容器），超级电容器具有极高的功率密度、超快的充放电速率，并且其循环寿命长、较好的稳定性和安全性可以使其应用在便携电子设备、可再

生能源、智能电网、交通工具上。其中主要研究薄膜、电极、石墨烯、柔性、传感器、可伸展、晶体管等内容。

5. 主题新颖度分析

集合 2 各主题的新颖度计算结果如表 4.23 所示：

表 4.23　集合 2 内各主题新颖度统计

主题	主题 0	主题 1	主题 2	主题 3
年综合	2011.65	2011.138	2011.606	2011.327

主题内论文平均年最为年轻的主题为主题 0 supercapacitor(超级电容器)。美国 286 篇高被引论文十年时间段数据集合下的 4 个主题的平均论文发表年份较为集中,与同时期的全球高被引论文十年时间短数据相比相对老化,在此期间,碳纳米管在超级电容器中的应用主要为将碳纳米管薄膜制成电极使用在锂硫电池上,将锂硫电池使用在可穿戴智能织物之中,制造新型可穿戴便携设备。

6. 主题影响力分析

集合 2 各主题的影响力计算结果如表 4.24 所示：

表 4.24　集合 2 内各主题影响力统计

主题	主题 0	主题 1	主题 2	主题 3
被引频次	29808	16640	23606	18225

主题内论文被引频次最高的主题为主题 0 supercapacitor(超级电容器)。与同期主题新颖度分析得到的主题结果一致,碳纳米管在超级电容器中的应用主要为将碳纳米管薄膜制成电极使用在锂硫电池上,将锂硫电池使用在可穿戴智能织物之中,制造新型可穿戴便携设备。

7. 主题演化分析

将主题利用 Javascript 的桑基图进行可视化展示后,得到的主题词演化如图 4.20 所示:

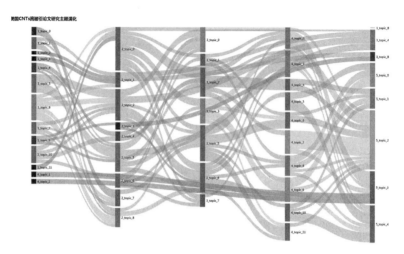

图 4.20　集合 2 主题词演化可视化图谱

美国 286 篇高被引论文十年时间段数据集合虽然论文数量相对全球数据源集合主题集合较少,但是在各个时间段内的主题分化较多,每个时期段可产生较多主题,并且每个时期的主题与下一时期的主题相联系较为密切,除了在最后一个时期时,主题 2 所占当期比例较大之外,其他主题较为均匀地分布在各个时期。

八、集合 2-1　研究前沿主题分析

数据集合 2-1 是美国高被引论文 2008—2009 年时间段数据集合。

1. 主题困惑度

数据集合 2-1 经过 Elbow 主题困惑度计算结果如图 4.21 所示:

由此可以发现 12 个主题时困惑度最低,因此对美国高被引论文 2008—2009 年时间段数据集合进行 LDA 识别时,将 No.of topics 的数

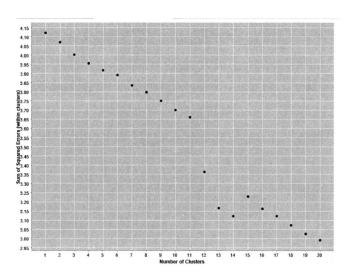

图 4.21 集合 2-1 的主题困惑度结算结果

值设置为 12,此时可以取得整个数据集最准确的主题识别结果。

2. LDA 主题识别结果

将数据全球高被引论文十年时间段数据集进行 LDA 主题识别,识别结果如表 4.25 所示:

表 4.25 集合 2-1 内各主题及其主题词

子主题	主题词内容
集合 2-1 主题 0	deliveri ∣ drug ∣ imag ∣ solvent ∣ common ∣ record ∣ gas ∣ nano-tube-medi ∣ tumor-target ∣ vehicl ∣ thermal ∣ sensor ∣ detect ∣ biolog ∣ vitro ∣
集合 2-1 主题 1	sensor ∣ dna ∣ film ∣ endocytosi ∣ single-particl ∣ pilot ∣ pathogen ∣ asbestos-lik ∣ abdomin ∣ introduc ∣ monodispers ∣ oligonucleotid ∣ improv ∣ crosslink ∣ strength ∣
集合 2-1 主题 2	analysi ∣ coat ∣ fabric ∣ vapor ∣ beam ∣ theori ∣ continuum ∣ gap ∣ bridg ∣ duplex ∣ interconnect ∣ neuron ∣ antibacteri ∣ circuit ∣ treatment ∣
集合 2-1 主题 3	strong ∣ nucleat ∣ adhes ∣ carbon-met ∣ consist ∣ actuat ∣ opto-electron ∣ photon ∣ anti ∣ plastic ∣ medium-scal ∣ fast ∣ reassess ∣ insid ∣ behavior ∣

子主题	主题词内容
集合 2-1 主题 4	film｜properti｜color｜reson｜atomic-scal｜coat｜wearabl｜sens｜therapi｜doxorubicin｜stack｜supramolecular｜appli｜fundament｜sensor｜
集合 2-1 主题 5	spectroscopi｜raman｜biocompat｜fate｜circul｜energy-storag｜manganes｜warfar｜chemiresist｜caviti｜irradiation-induc｜bio-degrad｜ration｜chemic｜ion｜
集合 2-1 主题 6	composit｜dna-carbon｜reactiv｜circuit｜integr｜reinforc｜hy-droxyl｜aromat｜implic｜environment｜measur｜system｜aquat｜multiwal｜kinet
集合 2-1 主题 7	transpar｜organ｜film｜water｜natur｜body-function｜tumor｜devic｜home｜live｜propag｜wave｜chemic｜adsorpt｜thermal
集合 2-1 主题 8	semiconduct｜transistor｜potenti｜molecul｜wall｜long-term｜spin｜coupl｜improv｜probe｜pore｜double-wal｜elast｜shell｜nonloc｜
集合 2-1 主题 9	probe｜hybrid｜fluoresc｜mice｜nom｜adsorpt｜assembl｜structur｜sampl｜toxicolog｜semitranspar｜nih-3t3｜exocytosi｜paramet｜qualiti｜
集合 2-1 主题 10	nanoribbon｜activ｜growth｜inhal｜ablat｜size｜synthesi｜pho-toreact｜fast｜aspir｜carpet｜super｜catalyt｜sens｜donor-ac-ceptor｜
集合 2-1 主题 11	electron｜batteri｜transfer｜mice｜motion｜orbit｜nanotube-polythiophen｜monodispers｜matter｜tio2carbon｜mutagenesi｜stress｜oxid｜fibrosi｜inflamm｜

由表 4.25 可以得出美国 286 篇论文在 2008—2009 年的 12 个主要主题为：delivery（给药）、sensor（传感器）、analysis（分析）、strong（强大）、film（薄膜）、spectroscopy（光谱）、composite（碳纳米管复合物）、transparent（透明）、semiconductor（半导体）、probe（探测）、nanoribbon（纳米带）、electron（电子）。

3. 主题关联分析

把识别出的研究主题，按照本书提出的主题关联分析方法，将数据导入 Gephi 后得到主题关联图谱如图 4.22 所示：

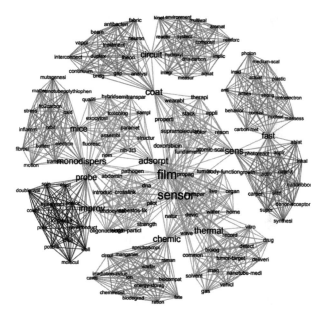

图 4.22　集合 2-1 主题关联可视化图谱

由主题关联可视化图谱可以得到,图 4.22 中处于中心位置的核心主题为主题 4 film(薄膜),该主题的主要研究内容包括:性能、可穿戴、原子尺度、多柔比星、超分子等。透明导电薄膜是触控屏、平板显示器、光伏电池、有机发光二极管等电子和光电子器件的重要组成部件。进一步提高多壁碳纳米管薄膜的透明导电特性是实现其器件应用的关键。

4. 主题强度分析

集合 2-1 各主题的强度计算结果如表 4.26 所示:

表 4.26　集合 2-1 内各主题强度计算结果

主题	主题 0	主题 1	主题 2	主题 3	主题 4	主题 5	主题 6	主题 7	主题 8	主题 9	主题 10	主题 11
论文数量	6	10	12	8	4	6	4	10	7	10	12	6

主题内论文数量最多的主题为主题 2 analysis(分析)与主题 10

nanoribbon(纳米带)。其中主要研究生长、催化剂、供体—受体等内容。石墨烯纳米带的研究可实现高效、可控地制备石墨烯半导体,为石墨烯规模化工业生产带来可能,同时也使新一代高密度集成电路的制备成为可能。

5. 主题影响力分析

集合 2-1 各主题的影响力计算结果如表 4.27 所示:

表 4.27　集合 2-1 内各主题影响力计算结果

主题	主题0	主题1	主题2	主题3	主题4	主题5	主题6	主题7	主题8	主题9	主题10	主题11
被引频次	2394	5106	4388	3165	1521	2207	1480	4359	2133	3814	10331	2439

主题内被引频次最高的主题为主题 10 nanoribbon(纳米带)。与同期主题强度分析结论一致,其中主要研究生长、催化剂、供体—受体等内容,石墨烯纳米带的研究可实现高效、可控地制备石墨烯半导体,为石墨烯规模化工业生产带来可能,同时也使新一代高密度集成电路的制备成为可能。

九、集合 2-2　研究前沿主题分析

数据集合 2-2 是美国高被引论文 2010—2011 年时间段数据集合。

1. 主题困惑度

数据集合 2-2 经过 Elbow 主题困惑度计算结果如图 4.23 所示:

由此可以发现 9 个主题时困惑度最低,因此对美国高被引论文 2010—2011 年时间段数据集合进行 LDA 识别时,将 No.of topics 的数值设置为 9,此时可以取得整个数据集最准确的主题识别结果。

2. LDA 主题识别结果

将数据全球高被引论文十年时间段数据集进行 LDA 主题识别,识别结果如表 4.28 所示:

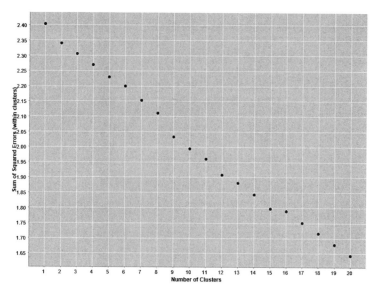

图 4. 23　集合 2-2 的主题困惑度结算结果

表 4. 28　集合 2-2 内各主题及其主题词

子主题	主题词内容
集合 2-2_主题 0	electrod ｜ composit ｜ oxygen ｜ electrochem ｜ nitrogen-dop ｜ reduct ｜ effici ｜ synthesi ｜ materi ｜ polym ｜ electron ｜ assess ｜ mous ｜ multilabel ｜ density-gradi ｜
集合 2-2_主题 1	nanotube-textil ｜ single-strand ｜ transloc ｜ dna ｜ amplif ｜ forest ｜ oral ｜ immunosensor ｜ ultrasensit ｜ ink ｜ aqueous ｜ plastic ｜ circuit ｜ cancer ｜ phototherm ｜
集合 2-2_主题 2	anod ｜ multiwal ｜ electrod ｜ pure ｜ chemic ｜ high-capac ｜ revers ｜ heterostructur ｜ siliconcarbon ｜ nanoribbon ｜ lower-defect ｜ high-pow ｜ ion ｜ nanotube-silicon ｜ hybrid ｜
集合 2-2_主题 3	Graphenecarbon ｜ cluster ｜ graphit ｜ course-respons ｜ pulmonari ｜ phonon ｜ lattic ｜ empir ｜ tersoff ｜ ultrathin ｜ nanotubemanganes ｜ hybrid ｜ digit ｜ sub-3v ｜ reaction ｜
集合 2-2_主题 4	biomolecul ｜ pc1 集合 2-2 ｜ phaeochromocytoma-deriv ｜ neural ｜ single-wal ｜ effect ｜ activ ｜ therapi ｜ substrat ｜ chitosan ｜ stabil ｜ nanofluid ｜ viscos ｜ emerg ｜ metal-fre ｜

子主题	主题词内容
集合 2-2_主题 5	graphen ｜ character ｜ spectroscopi ｜ raman ｜ film ｜ induc ｜ hybrid ｜ electrod ｜ nanostructur ｜ perspect ｜ compliant ｜ mechan ｜ grown ｜ vertic ｜ compos ｜
集合 2-2_主题 6	templat ｜ matrix ｜ fiber ｜ graphit ｜ form ｜ cut ｜ longitudin ｜ nanoribbon ｜ biomark ｜ transport ｜ optim ｜ medicin ｜ lithium ｜ cancer ｜ intertwin ｜
集合 2-2_主题 7	thermal ｜ dynam ｜ conduct ｜ effici ｜ high ｜ supercapacitor ｜ geometri ｜ two-dimension ｜ nanoscalpel ｜ exposur ｜ time ｜ dose ｜ system ｜ biolog ｜ applic
集合 2-2_主题 8	composit ｜ film ｜ origami ｜ dna ｜ il-6 ｜ ultracentrifug ｜ nonlinear ｜ sort ｜ advanc ｜ cement ｜ reinforc ｜ free-stand ｜ cloth ｜ inkjet ｜ print ｜

可以得出美国 286 篇论文在 2010—2011 年的 9 个主要主题为：electrode（电极）、Nanotube textile（纳米管纺织品）、anode（阳极）、graphene carbon（石墨烯碳）、biomolecular（生物分子）、graphene（石墨烯）、template（模板）、thermal（热）、composite（碳纳米管复合物）。

3. 主题关联分析

把识别出的研究主题，按照本书提出的主题关联分析方法，将数据导入 Gephi 后得到主题关联图谱如图 4.24 所示：

由主题关联可视化图谱可以得到，图 4.24 中处于中心位置的核心主题为主题 2 nanoribbon（纳米带），该主题的主要研究内容包括：电极、高电容、逆转、纳米管硅等。石墨烯纳米带的研究可实现高效、可控地制备石墨烯半导体，为石墨烯规模化工业生产带来可能，同时也使新一代高密度集成电路的制备成为可能。

4. 主题强度分析

集合 2-2 各主题的强度计算结果如表 4.29 所示：

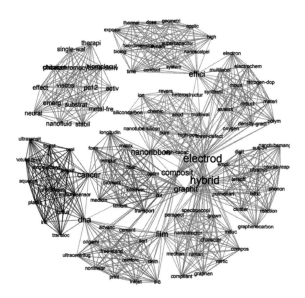

图 4.24　集合 2-2 主题关联可视化图谱

表 4.29　集合 2-2 内各主题强度计算结果

主题	主题 0	主题 1	主题 2	主题 3	主题 4	主题 5	主题 6	主题 7	主题 8
论文数量	17	6	7	3	7	11	3	9	5

　　主题内论文数量最多的主题为主题 0 electrode（电极）。其中主要研究电化学性能、氮—掺杂等内容。碳纳米管自身导电性能优异且易于构筑完善的电子传导网络，因而可将其作为导电结构与锂离子电池电极材料结合，以获得具有良好电化学性能的复合电极材料。碳纳米管与电极材料的复合方法灵活多变，通过凝胶—溶胶法、水热法、化学沉积法、气相沉积法以及物理研磨等方法均可获得碳纳米管在其中均匀分布的复合电极材料。

　　5. 主题影响力分析

　　集合 2-2 各主题的影响力计算结果如表 4.30 所示：

表 4.30　集合 2-2 内各主题影响力计算结果

主题	主题 0	主题 1	主题 2	主题 3	主题 4	主题 5	主题 6	主题 7	主题 8
被引频次	5882	1440	2700	1167	2856	4987	581	2456	2319

主题内论文被引频次最高的主题为主题 0 electrode(电极)。与同期的主题强度分析结果相一致,其中主要研究电化学性能、氮—掺杂等内容。储能电池在人们的日常通信及绿色出行等领域发挥着日益重要的作用,这就对先进的锂离子电池与锂硫电池电极制备技术提出了更高的要求。大量研究成果表明以碳纳米管与石墨烯为代表的纳米碳材料因其优异的导电能力、良好的机械性能以及独特的形貌与结构特征,可在不同的应用模式下显著提高储能电池的容量性能、倍率性能以及循环寿命。

十、集合 2-3　研究前沿主题分析

数据集合 2-3 是美国篇高被引论文 2012—2013 年时间段数据集合。

1. 主题困惑度

数据集合 2-3 经过 Elbow 主题困惑度计算结果如图 4.25 所示:

由此可以发现 9 个主题时困惑度最低,因此对美国篇高被引论文 2012—2013 年时间段数据集合进行 LDA 识别时,将 No. of topics 的数值设置为 9,此时可以取得整个数据集最准确的主题识别结果。

2. LDA 主题识别结果

将数据全球高被引论文十年时间段数据集进行 LDA 主题识别,识别结果如表 4.31 所示:

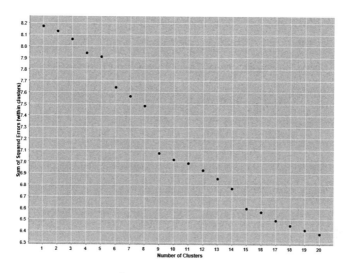

图 4.25 集合 2-3 的主题困惑度结算结果

表 4.31 集合 2-3 内各主题及其主题词

子主题	主题词内容
集合 2-3_主题 0	electrod ｜ art ｜ focus ｜ nanotube-induc ｜ mechan ｜ robust ｜ effect ｜ synergist ｜ film-bas ｜ fabric ｜ polysulfid ｜ lithiumdissolv ｜ revers ｜ ultrahigh ｜ fiber ｜
集合 2-3_主题 1	power ｜ complex ｜ remov ｜ interdigit ｜ torsion ｜ photon ｜ fiber ｜ multifunct ｜ light ｜ strong ｜ electron ｜ coverag ｜ foam ｜ enhanc ｜ graphene-carbon ｜
集合 2-3_主题 2	reduct ｜ oxygen ｜ electrocatalyst ｜ multilay ｜ nanocryst ｜ cobalt ｜ coupl ｜ metal-fre ｜ nitrogen ｜ phosphorus ｜ co-dop ｜ align ｜ vertic ｜ handl ｜ oxid ｜
集合 2-3_主题 3	oxid ｜ reduc ｜ nanotube-graphen ｜ electron ｜ composit ｜ biomed ｜ self-align ｜ fibr ｜ toughen ｜ sub-10 ｜ thermoelectr ｜ nanotube-polym ｜ challeng ｜ synergist ｜ seamless ｜
集合 2-3_主题 4	induc ｜ boron ｜ bond ｜ high-pow ｜ vanadium ｜ deposit ｜ forward ｜ move ｜ construct ｜ hydrogel ｜ coval ｜ electrod ｜ aqueous ｜ p-n ｜ nanotube-mos2 ｜
集合 2-3_主题 5	graphen ｜ materi ｜ applic ｜ resist ｜ aerogel ｜ coat ｜ three-dimen-sion ｜ self-assembl ｜chemic ｜ integr ｜ high-dens ｜ commerci ｜ fu-tur ｜ lithium ｜ engin

续表

子主题	主题词内容
集合 2-3_主题 6	electrod | perform | batteri | recharg | hybrid | interlay | mwcnt | free-stand | insert | cycl | improv | approach | synthesi | stepwis | pure |
集合 2-3_主题 7	fatigu | densiti | capac | coreshel | mwcntv2o5 | oxid | micro-su-percapacitor | electr | chemic | lithium | toxic | surfac | solar | polym | achiev |
集合 2-3_主题 8	short | radio-frequ | analog | digit | network | semiconduct | cir-cuit | bendabl | extrem | opportun | nanojunct | solid | atom | areal | spong |

由表 4.31 可以得出美国 286 篇论文在 2012—2013 年的 9 个主要主题为:electrode(电极)、power(功率)、reduction(减少)、oxide(氧化)、induction(感应)、graphene(石墨烯)、electrode(电极)、fatigue(疲劳)、short(短)。

3. 主题关联分析

把识别出的研究主题,按照本书提出的主题关联分析方法,将数据导入 Gephi 后得到主题关联图谱如图 4.26 所示:

由主题关联可视化图谱可以得到,图 4.26 中处于中心位置的核心主题为主题 0 electrode(电极),该主题主要研究机制、增效剂、多硫化物、逆转性、纤维等内容,可视为本时期内的热点研究主题。碳纳米管本身具有极高的导电能力,将硫单质与其复合,可以显著降低硫电极的电阻抗、提升活性材料的利用效率并有效提高倍率性能。

4. 主题强度分析

集合 2-3 各主题的强度计算结果如表 4.32 所示:

表 4.32　集合 2-3 内各主题强度计算结果

主题	主题 0	主题 1	主题 2	主题 3	主题 4	主题 5	主题 6	主题 7	主题 8
论文数量	6	4	5	12	3	6	6	2	6

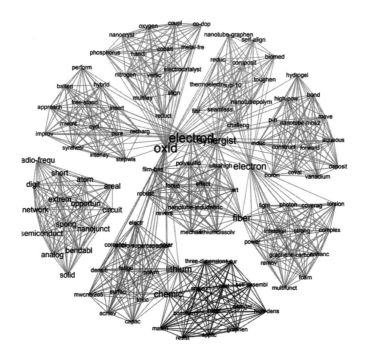

图 4.26　集合 2-3 主题关联可视化图谱

可以看到,主题内论文数量最多的主题为主题 3 induction(感应),主要研究硼掺杂碳纳米管的特性与氧化钒碳纳米管复合薄膜的制备,前者硼掺杂碳纳米管主要用作析氢反应与析氧反应中的催化剂,后者氧化钒碳纳米管复合薄膜主要用于电极的制作。

5. 主题影响力分析

集合 2-3 各主题的影响力计算结果如表 4.33 所示:

表 4.33　集合 2-3 内各主题影响力计算结果

主题	主题 0	主题 1	主题 2	主题 3	主题 4	主题 5	主题 6	主题 7	主题 8
被引频次	1558	1615	1425	2706	563	2809	1312	313	1017

可以看到,主题内论文被引频次最高的主题为主题 5 electrode(电

极）。碳纳米管比表面积较高,其特殊的物理结构还可为硫电极在脱嵌锂过程中巨大的体积变化提供缓冲空间,从而有效提高电极在锂硫电池中的循环稳定性。

十一、集合 2-4　研究前沿主题分析

数据集合 2-4 是美国高被引论文 2014—2015 年时间段数据集合。

1. 主题困惑度

数据集合 2-4 经过 Elbow 主题困惑度计算结果如图 4.27 所示:

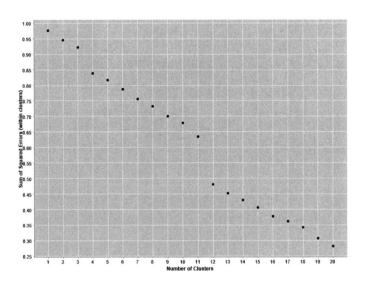

图 4.27　集合 2-4 的主题困惑度结算结果

由此可以发现 12 个主题时困惑度最低,因此对美国高被引论文 2014—2015 年时间段数据集合进行 LDA 识别时,将 No.of topics 的数值设置为 12,此时可以取得整个数据集最准确的主题识别结果。

2. LDA 主题识别结果

将数据全球高被引论文十年时间段数据集进行 LDA 主题识别,识别结果如表 4.34 所示:

表 4.34　集合 2-4 内各主题及其主题词

子主题	主题词内容
集合 2-4_主题 0	supercapacitor ｜ stretchabl ｜ fiber ｜ wire-shap ｜ sheet ｜ align ｜ all-solid ｜ yarn ｜ fibers-a ｜ hierarch ｜ inhibit ｜ catalysi ｜ flexibl ｜ hybrid ｜ oxidecarbon
集合 2-4_主题 1	mwcnt-coat ｜ channel ｜ permeabl ｜ peristalt ｜ flux ｜ heaat ｜ field ｜ magnet ｜ motion ｜ sensor ｜ mhd ｜
集合 2-4_主题 2	high-perform ｜ nanotube-biochar ｜ structur ｜ graphit ｜ advantag ｜ bilay ｜ lipid ｜ stochast ｜ energi ｜ solut ｜ salt-wat ｜ suspend ｜ nanofluid ｜ convect ｜ natur ｜
集合 2-4_主题 3	hybrid ｜ nanoparticl ｜ oil ｜ superoleophil ｜ superhydrophob ｜ anchor ｜ oxid ｜ nanotube-graphen ｜ activ ｜ aerogel ｜ high ｜ coat ｜ mno2 ｜ pristin ｜ supercapacitor ｜
集合 2-4_主题 4	electrocatalyst ｜ high-perform ｜ porous ｜ nanosheet-carbon ｜ nitrid ｜ paper ｜ memsnem ｜ oxygen ｜ superior ｜ elast ｜ thin-film ｜
集合 2-4_主题 5	compress ｜ polymercarbon ｜ separ ｜ ultra-lightweight ｜ li- ｜ nanotubefe3c ｜ batteri ｜ size-independ ｜
集合 2-4_主题 6	graphen ｜ oxidasecarbon ｜ glucos ｜ enzym ｜ sens ｜ transfer ｜ electron ｜ direct ｜ three-dimension ｜ onion-lik ｜ zeolite-templ ｜ nanostructur ｜ contamin ｜ evolut ｜ activ ｜
集合 2-4_主题 7	effici ｜ high ｜ reaction ｜ evolut ｜ hydrogen ｜ reduct ｜ stabl ｜ abil ｜ intern ｜ valu ｜ catalyz ｜ nitrogen-rich ｜ cobalt-embed ｜ metastasi ｜ electrochem ｜
集合 2-4_主题 8	batteri ｜ graphen ｜ nanocomposit ｜ foam ｜ ruthenium ｜ hydrous ｜ pore ｜ nano ｜ phototherm ｜ critic ｜ organ ｜ synthet ｜ adsorpt ｜ life ｜ human ｜
集合 2-4_主题 9	composit ｜ capacit ｜ flexibl ｜ character ｜ storag ｜ fibr ｜ synthesi ｜ scalabl ｜ tumor ｜ carbide-deriv ｜ ion ｜ sodium ｜ anod ｜ phosphorus ｜ cycl ｜
集合 2-4_主题 10	therapi ｜ imaging-guid ｜ limit ｜ capacitor ｜ membran ｜ cell ｜ live ｜ transport ｜ volumetr ｜ activ ｜ all-solid-st ｜ aerogel ｜ nanofibrilreduc ｜ cathod ｜ strain
集合 2-4_主题 11	sorption ｜ exposur ｜ inhal ｜ adenocarcinoma ｜ lung ｜ promot ｜ dye ｜ nanotube-graphen ｜ synthesi ｜ materi ｜ mxenecarbon ｜ nanosheets-carbon ｜ flow ｜ influenc ｜ resist ｜

可以得出,美国 286 篇论文在 2014—2015 年的 12 个主要主题为:
supercapacitor(超级电容器)、mwcnt-coat(碳纳米管涂层)、high-perform

（高执行）、hybrid（混合动力）、electrocatalyst（电）、compress（压缩）、graphene（石墨烯）、electrocatalysts（电催化剂）、battery（电池）、composite（综合）、therapy（治疗）、sorption（吸着）。

3. 主题关联分析

把识别出的研究主题，按照本书提出的主题关联分析方法，将数据导入 Gephi 后得到主题关联图谱如图 4.28 所示：

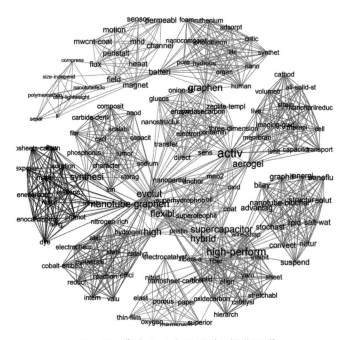

图 4.28 集合 2-4 主题关联可视化图谱

由主题关联可视化图谱可以得到，图 4.28 中处于中心位置的核心主题为主题 6 graphene（石墨烯），该主题的主要研究内容包括：氧化酶碳、纳米结构、转移等。石墨烯是人类已知强度最高、韧性最好、质量最轻、透光率最高、导电性最佳的材料。由于其结构的独特性，石墨烯的各类性质也非常优异。石墨烯作为近年来备受关注的新型材料，其用途非常广泛，在半导体产业、光伏产业、锂离子电池、航天、军工、新一代显示器等传统领域和新兴领域都将带来革命性的技术进步。

4. 主题强度分析

集合 2-4 各主题的强度计算结果如表 4.35 所示：

表 4.35　集合 2-4 内各主题强度计算结果

主题	主题0	主题1	主题2	主题3	主题4	主题5	主题6	主题7	主题8	主题9	主题10	主题11
论文数量	6	1	4	1	1	3	1	1	2	5	2	5

可以看到,主题内论文数量最多论文为主题 0 supercapacitor(超级电容器),超级电容器的研发方向,主要集中在提高体积电容值和提高电机械稳定性这两方面。

5. 主题影响力分析

集合 2-4 各主题的影响力计算结果如表 4.36 所示：

表 4.36　集合 2-4 内各主题影响力计算结果

主题	主题0	主题1	主题2	主题3	主题4	主题5	主题6	主题7	主题8	主题9	主题10	主题11
被引频次	774	88	111	352	346	137	179	1075	256	1072	554	92

可以看到,主题内被引频次最高的主题为主题 7 电催化剂,其中主要研究电化学、效率、催化、富氮、钴嵌入等内容。电解水是制备高纯 H_2 的好方法。成本低、催化活性高、稳定性好的新型制氢催化剂是析氢反应中的重要部分。过渡金属钴及其化合物具有成本低、产量多、导电性好等优点,在电催化领域显示出广阔的应用前景。

十二、集合 2-5　研究前沿主题分析

数据集合 2-5 是美国高被引论文 2016—2017 年时间段数据集合。

1. 主题困惑度

数据集合 1 经过 Elbow 主题困惑度计算结果如图 4.29 所示：

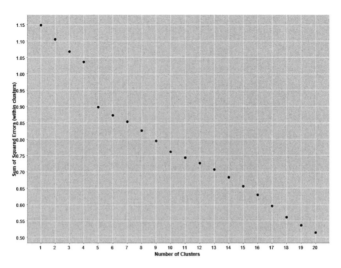

图 4.29　集合 2-5 的主题困惑度结算结果

由此可以发现 5 个主题时困惑度最低,因此对美国高被引论文 2016—2017 年时间段数据集合进行 LDA 识别时,将 No.of topics 的数值设置为 5,此时可以取得整个数据集最准确的主题识别结果。

2. LDA 主题识别结果

将数据全球高被引论文十年时间段数据集进行 LDA 主题识别,识别结果如表 4.37 所示:

表 4.37　集合 2-5 内各主题及其主题词

子主题	主题词内容
集合 2-5_主题 0	composit ｜ transistor ｜ foam ｜ nanocomposit ｜ compress ｜ combin ｜ modif ｜ surfac ｜ wast ｜ industri ｜ ion ｜ metal ｜ heavi ｜ remov ｜ properti ｜
集合 2-5_主题 1	graphen ｜ electr ｜ nanocomposit ｜ strain ｜ assess ｜ function ｜ conduct ｜ enhanc ｜ axial ｜ rotat ｜ restrain ｜ elast ｜ edg ｜ plate ｜ grade ｜
集合 2-5_主题 2	high ｜ electrod ｜ improv ｜ reduct ｜ oxygen ｜ activ ｜ flexibl ｜ nanocomposit ｜ electrochem ｜ amine-function ｜ evolut ｜ nanotube-graphen｜ sulfur-dop ｜ site ｜ control｜

子主题	主题词内容
集合 2-5_主题 3	sensor ｜ hybrid ｜ design-induc ｜ intrins ｜ biofuel ｜ fully-print ｜ re-action ｜ solut ｜ aqueous ｜ content ｜ ciprofloxacin ｜ remov ｜ cataly-si ｜ stretchabl ｜ system ｜
集合 2-5_主题 4	batteri ｜ cathod ｜ network ｜ li- ｜ anod ｜ supercapacitor ｜ cell ｜ sulfur ｜ enhanc ｜ translat ｜ postbuckl ｜ cnt-base ｜ interlay ｜ car-bon-pap ｜ dual ｜

可以得出美国 286 篇论文在 2016—2017 年的 5 个主要主题为：composite（碳纳米管复合物）、graphene（石墨烯）、high（高）、sensor（传感器）、battery（电池）。

3. 主题关联分析

把识别出的研究主题，按照本书提出的主题关联分析方法，将数据导入 Gephi 后得到主题关联图谱如图 4.30 所示：

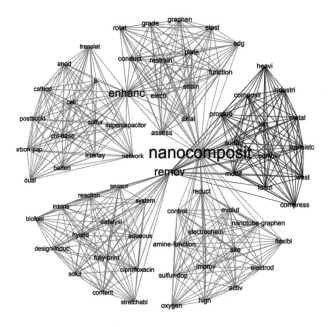

图 4.30　集合 2-5 主题关联可视化图谱

由主题关联可视化图谱可以得到,图中处于中心位置的核心主题为主题 0 与主题 2 共有的 nanocomposite(纳米复合物),该主题的主要研究内容包括:晶体管、电化学、胺功能、硫—掺杂等。单壁碳纳米管(SWNTs)具有优异的光学、电学和力学等性能,并且具有超高的迁移率,被认为是下一代最有潜力的制作柔性可穿戴电子器件和生物传感器的纳米材料之一。

4. 主题强度分析

集合 2-5 内各主题的强度计算结果如表 4.38 所示:

表 4.38　集合 2-5 内各主题强度计算结果

主题	主题 0	主题 1	主题 2	主题 3	主题 4
论文数量	11	11	8	6	5

可以看到,主题内论文数量最多的主题为主题 0 composite(碳纳米管复合物)与主题 1 graphene(石墨烯),其中主要研究内容为评估、功能、弹性、等级等。完美的石墨烯是最强的材料之一,但是它的抗断裂韧性仍需进一步提高。将碳纳米管引入块状材料可以显著增韧和增强材料,制备既强又韧的纳米复合材料。

5. 主题影响力分析

集合 2-5 内各主题的影响力计算结果如表 4.39 所示:

表 4.39　集合 2-5 内各主题影响力计算结果

主题	主题 0	主题 1	主题 2	主题 3	主题 4
被引频次	538	564	458	261	379

各主题的强度计算结果如下表所示:

可以看到,主题内被引频次最高的主题为主题 1 graphene(石墨烯),其中主要研究内容为评估、功能、弹性、等级等。在石墨烯的检测方面,世界各国尚没有较为全面、成熟的系列标准。2016 年 9 月,美国国家标准与技术研究院率先发表了由该组织主导的一项国际标准,并以技术规范的形式出版,也是全球发布的第一个石墨烯国际标准。不同的制备方法可得到不同类型的石墨烯,其性质差别非常大,用途也大不相同。世界各国目前都在大力推进和加强石墨烯的标准化工作,致力于为该领域的规范、科学、健康、快速发展。

十三、集合 3　研究前沿主题分析

数据集合 3 是美国 NSF 机构 73 篇高被引论文十年时间段数据集合。

1. 主题困惑度

数据集合 3 经过 Elbow 主题困惑度计算结果如图 4.31 所示:

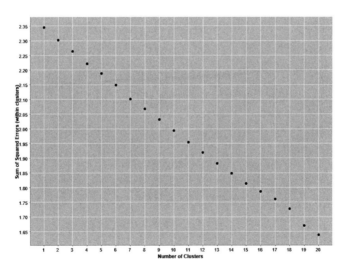

图 4.31　集合 3 的主题困惑度结算结果

由此可以发现 7 个主题时困惑度最低,因此对美国 NSF 机构 73 篇高被引论文十年时间段数据集合进行 LDA 识别时,将 No.of topics 的数值设置为 7,此时可以取得整个数据集最准确的主题识别结果。

2. LDA 主题识别结果

将数据全球高被引论文十年时间段数据集进行 LDA 主题识别,识别结果如表4.40所示:

表4.40　集合3内各主题及其主题词

子主题	主题词内容
集合3-主题0	Materi ｜ High-Perform ｜ Supercapacitor ｜ Hybrid ｜ array ｜ fast ｜ lifting-off ｜ easi ｜ binding-on ｜ shear ｜ strong ｜ Implicat ｜ Environment ｜ Measur ｜ System
集合3-主题1	Select ｜ Semiconduct ｜ interact ｜ biomolecular ｜ platform ｜ single-strand ｜ assembl ｜ Noncoval ｜ Drug ｜ Ration ｜ Assembl ｜ Layer-by-Lay ｜ Well-Align ｜ molecular ｜ high-contrast
集合3-主题2	sens ｜ DNA ｜ Chemic ｜ probe ｜ effect ｜ Deliveri ｜ Vehicl ｜ catalyt ｜ fullerenescarbon ｜ hybrid ｜ donor-acceptor ｜ Supramolecular ｜ Low-Temperatur ｜ Thin ｜ Printabl
集合3-主题3	Film ｜ Align ｜ Electrod ｜ thermal ｜ Ultrathin ｜ Electron ｜ Composit ｜ Batteri ｜ Array ｜ Self-Assembl ｜ Transistor ｜ Transfer ｜ Appli ｜ Conductor ｜ Transpar
集合3-主题4	Stretchabl ｜ Electrod ｜ Graphen ｜ water ｜ Reassess ｜ Biomonitor ｜ transfer ｜ Macrofilm ｜ Buckl ｜ composit ｜ matrix ｜ transport ｜ dynam ｜ paramet ｜ potenti
集合3-主题5	Perform ｜ Aerogel ｜ batteri ｜ Electrod ｜ Synthesi ｜ Enhanc ｜ Muscl ｜ Superelast ｜ Giant-Strok ｜ separ ｜ multimod ｜ Self-assembl ｜ inflamm ｜ pulmonari ｜ myeloperoxidas
集合3-主题6	Substrat ｜ Reduct ｜ Flexibl ｜ Efficient ｜ Aspect ｜ Fundament ｜ Bioapplic ｜ photoacoust ｜ two-dimension ｜ reinforc ｜ system ｜ biolog ｜ issu ｜ Toxic ｜ Advanc

由表4.40可以得出美国 NSF 机构资助的73篇论文在2008—2017年的7个主要主题为:Material(材料)、Semiconductor(半导体)、Sensor(传感器)、Film(薄膜)、Biomonitor(生物监测)、battery(电池)、toxicology(毒理学)。

3. 主题关联分析

把识别出的研究主题,按照本书提出的主题关联分析方法,将数据导入 Gephi 后得到主题关联图谱如图 4.32 所示：

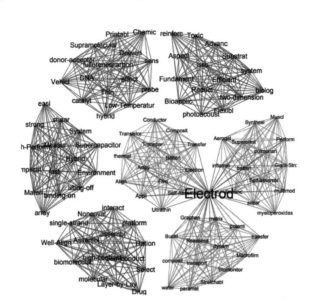

图 4.32　集合 3 主题关联可视化图谱

由主题关联可视化图谱可以得到,图中处于中心位置的核心主题为主题 3 Film(薄膜),该主题的主要研究对齐、电极、晶体管、导体等内容。单壁碳纳米管相互搭接形成的二维网络结构具有柔韧、透明、导电等特点,是构建柔性透明导电薄膜的理想材料。进一步提高 SWCNT 薄膜的透明导电特性是实现其器件应用的关键。

4. 主题强度分析

集合 3 各主题的强度计算结果如表 4.41 所示:

表 4.41　集合 3 内各主题强度计算结果

主题	主题 0	主题 1	主题 2	主题 3	主题 4	主题 5	主题 6
论文数量	10	9	6	12	8	17	11

可以看到,主题内论文数量最多的主题为主题 5 Battery(电池)。

其中主要研究内容为肺部髓过氧化物酶、气凝胶、电极等。碳纳米管电池重量轻、特别薄及柔软，可利用人的血液或汗液充电。碳纳米管在电池中作为电极起导电作用。

5. 主题新颖度分析

集合 3 各主题的新颖度计算结果如表 4.42 所示：

表 4.42　集合 3 内各主题新颖度统计

主题	主题 0	主题 1	主题 2	主题 3	主题 4	主题 5	主题 6
新颖度	2010.4	2009.556	2010	2010.583	2010.875	2012.235	2011.091

可以看到，主题内论文数量最多及被引频次最高的主题为主题 5 Battery（电池）。美国 NSF 机构 73 篇高被引论文十年时间段数据集合内 6 个主题在平均年差异较大，与前期两个十年时间段数据集合相比较，此十年段数据集合的平均年最年轻的集合与最年老集合数据差值大于两年，远远高于其他十年数据段集合，各个主题的新旧表现较为明显，最为新颖主题为电池，其中主要研究内容为肺部髓过氧化物酶、气凝胶、电极等内容。

6. 主题影响力分析

集合 3 各主题的影响力计算结果如表 4.43 所示：

表 4.43　集合 3 内各主题影响力计算结果

主题	主题 0	主题 1	主题 2	主题 3	主题 4	主题 5	主题 6
被引频次	2954	3077	2602	3857	2385	4176	3831

可以看到，主题内论文被引频次最高的主题为主题 5 Battery（电池）。与前期主题强度分析、主题新颖度分析的结果相一致。对电池的研究在美国 NSF 机构 73 篇高被引论文十年时间段数据集合里面显得尤为重要。

十四、综合分析

通过对 WOS 论文数据源的 13 个集合进行分析可以得出,在全球领域,论文数据源下主要研究方向为:composite(复合材料)、battery(电池)、film(薄膜)、hybrid(混合物)。在美国地区内,主要研究方向为 e-lectrode(电极)、nanocomposite(纳米复合材料)、nanoribbon(纳米带)、graphene(石墨烯)、supercapacitor(超级电容器)、film(薄膜)、battery(电池)、electrocatalysts(电催化剂)。NSF 机构主要研究方向为 film(薄膜)、battery(电池)。三个区域共存的研究主题为 film(薄膜)及battery(电池),我们认为这两个主题为热点研究主题。

在整个集合 1 及划分时间段的集合 1.1-集合 1.5 中,所有的热点研究主题皆为 composite(复合材料),并且更为细分的 nanocomposite(纳米复合材料)在集合 2 及划分时间段的集合 2.5 中出现,本书将碳纳米管有关复合材料进行分析,得到更为详细的研究前沿主题识别内容。

碳纳米管可分为单壁碳纳米管和多壁碳纳米管。碳纳米管本身具有比表面积、密度小,纤维状结构等结构特性;力学性能、电学性能、热学性能、光学性能等物理性能优异;其化学性能包括耐腐蚀、高稳定性、高疏水性、机械化学稳定性。其中碳纳米管复合材料主要体现在力学性能方面,其优异的力学性能主要表现为拉伸强度高,抗断裂韧性好,对拉伸、弯曲以及扭曲优秀的应变感知能力,高强度的特性使它可作为超细高强度纤维,也可作为其他纤维、金属、陶瓷等的增强材料。将碳纳米管与其他工程材料制成复合材料,可对基体起到强化作用。使其可以制造高性能运动器材、防弹衣、大型飞机、大型运载火箭、超级抗震建筑等。

在所有主题里,battery(电池)、film(薄膜)及 electrode(电极)出现频次也较高,其中 film 在论文原文中,多数情况下指代透明导电膜,作为太阳能电池的重要组成部分,其本身也是触控屏、平板显示器、光伏电池、有机发光二极管等电子和光电子器件的重要组成部件。因此,我们对电池进行分析,得到更为详细的研究前沿主题识别内容。碳纳米管在电池中应用时,可作为电极材料出现,因此本书将后两项薄膜及电极放在电池领域下进行分析。

碳纳米管的电学性能(导电)、纤维状结构(增大与电极材料颗粒的接触)、导热性能(电池充放电时散热)使其可以作为性能优异的电池的复合电极材料、负极活性材料、导电剂和太阳能电池的透明导电膜、燃料电池的储氢装置及燃料电池催化剂,在此应用下,生产金属空气电池,包括锂空气电池和锌空气电池、锂电池、锂硫电池、燃料电池及太阳能电池。虽然碳纳米管性能优异,但是其分散性是使用碳纳米管制造电池时的主要难题之一,因此在未来研究中需要开发出低损伤和高稳定性的分散液。

电池的指标随着对电池的开发也逐渐提高,在未来研究中,集中于研发出轻量化、提高充放电速率、提高电池能量密度、提高电池的容量、延长使用寿命、延长电池循环寿命并保持循环稳定性、提高续航能力、提高功率输出水平的电池,并且保证电池的安全性及可逆性(记忆性)。钙钛矿太阳能电池则为提高太阳能电池的光电转换效率及力学稳定性。

电池的未来发展方向之一为柔性电池,主要服务于可穿戴设备。可穿戴设备需要碳纳米管制备的柔性电池及柔性应变传感器。使用碳纳米管制的传感器包括电化学生物传感器、场效应晶体管生物传感器、光学生物传感器、气体传感器、柔性压力传感器等。在此基础上,发展机械记忆和超灵敏传感器及薄、柔、高度灵敏的传感器是未来发展方向之一。

本章以 WOS 数据库中近 10 年碳纳米管研究论文为数据源,利用

LDA 主题模型识别出不同时间段内的研究主题,根据 LDA 主题强度、论文被引次数等指标构建基于论文数据的热点研究前沿、新兴研究前沿等不同类型研究前沿识别模型,利用余弦文本相似度计算模型计算不同时期主题间的演化关系,采用 Sankey Diagram 可视化技术展示其主题演化规律,揭示了未来发展趋势。

第 五 章
基于规划文本和基金项目数据
主题对比的研究前沿识别研究

　　规划文本规划的研究前沿主题较为宏观,而基金项目数据蕴含的研究前沿主题更加具体。规划文本规划的研究前沿主题前瞻性更强,而基金项目数据蕴含的研究前沿主题更多意味着正在布局的新兴研究前沿。本章将利用前面第二章和第三章识别出的规划文本和基金项目数据的研究前沿主题,通过文本相似度计算对两种不同数据源的研究前沿主题进行对比分析,发现不同数据源中蕴含的研究前沿主题的异同,进而揭示出当前热点研究前沿以及未来新兴研究前沿主题。

第一节　研究思路

　　首先将两种数据源按不同时间进行切片划分,分别利用触发词库匹配的方法和 LDA 主题模型识别两种数据源中的研究主题,然后将得到的研究主题做相似度计算,并结合基金项目数据研究主题的项目数、资助时长、资助强度构建研究前沿主题识别模型,识别出研究前沿,最后对研究前沿进行评价,具体流程如图 5.1 所示。

　　第一步:数据获取与数据准备。

　　(1)NNI 科技规划文本:从 NNI 科技规划文本相关网站,下载 2008

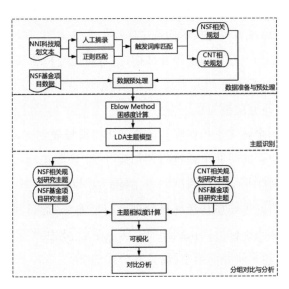

图 5.1　基于规划文本和基金项目数据主题对比的研究前沿识别思路

至 2017 年的文本,用人工摘录的方法利用 NNI 科技规划文本的特点摘录出有关 NSF 的内容;对全 NNI 科技规划文本进行句子级抽取并利用碳纳米管领域词进行句子级匹配,得到有关 CNT 的内容;再利用提前构建好的规划内容触发词库进行匹配,识别出 NSF 相关规划内容和 CNT 相关规划内容。对识别出的数据进行格式转换、去标点、去数字、去停用词等数据预处理操作。

（2）NSF 基金项目数据:从 NSF 基金项目网站上下载 2008 年至 2017 年的 CNT 领域相关基金数据;对下载的数据中的题目和摘要进行合并处理、格式转换、去标点、去数字、去停用词等数据预处理操作。

第二步:主题识别。将上一步所得到的数据进行 Elbow Method 困惑度计算,优选主题数,并根据优选的主题数进行 LDA 主题模型识别,得到 NSF 基金数据研究主题、NSF 规划研究主题以及 CNT 规划研究主题。

第三步:主题对比。将识别出的 NSF 基金数据研究主题分别与

NSF 规划研究主题以及 CNT 规划研究主题进行相似度计算,得到主题相似度结果,通过可视化技术构造主题相似度热力图,并结合前文分析过的主题强度和主题新颖度等外部指标,对对比分析结果进行解读,将结果分为四类,即新兴研究前沿主题、热点研究前沿主题、潜在研究前沿主题、消亡研究前沿主题。

本书利用余弦文本相似度。计算公式将科技规划文本的研究主题与基金项目数据的研究主题进行相似度计算,该数值越大则说明科技规划文本映射在基金项目数据研究主题的文本重合度越高,表明科技规划文本的研究主题在基金项目数据中有所布局,通过相似度计算结合研究前沿探测指标可以识别出研究热点主题、潜在研究前沿主题、研究前沿主题、新兴研究前沿主题,计算公式如下:

$$Topic\_cosin = Cos(Goal_i, Topic_f) \tag{1}$$

公式中,$Goal_i$ 为科技规划文本的研究主题,$Topic_f$ 为基金项目数据的研究主题,$Cos(Goal_i, Topic_f)$ 为两个数据源研究主题的余弦相似度值。

第二节 实 验

一、实验环境

1. 硬件

Windows 7 系统(64 位),Intel(R)Xeon(R)CPU,4G RAM,500G HardDrive。

2. 软件平台

数据挖掘软件 KNIME、社会网络分析软件 UCINET 等。

二、数据源

基金项目数据:NSF 基金项目数据库。

检索式:Keyword＝"carbon nanotube*";

检索范围:基金项目名称;

时间跨度:2008 年 1 月 1 日至 2017 年 12 月 31 日;

检索结果:388 项;

检索日期:2018 年 7 月 20 日。

科技规划文本:NNI 官方网站。下载 2008—2017 年的 NNI 科技规划文本,共得到 10 个文本。

三、实验过程与参数设置

本章将基金项目数据研究主题与科技规划文本研究主题进行相似度对比研究。通过识别出的基金项目数据与科技规划文本数据研究前沿主题的异同,对比主题强度与主题影响力相结合的主题发展潜力计算结果、主题新颖度,计算结果后得到本书各个研究前沿主题。

数据源的下载,数据预处理,LDA 主题识别及主题强度与主题影响力的计算在第二章与第三章已进行详细描述。在得到 LDA 识别主题之后,选取 cosine 距离为标准,进行相似度计算,将基金项目研究主题与 NSF 相关规划研究主题进行相似度计算,将基金项目研究主题与 CNT 相关规划研究主题进行相似度计算。

将主题相似度计算结果小于等于 0.05 的主题对比结果予以删除,保留相似度计算结果大于 0.05 的主题作为本书讨论的主题。

在对基金项目新颖度进行分析时,本书将新颖度进行归一化处理,其计算方法如以下公式所示:

$$X_{新颖度} = \frac{X - X_{\min}}{X_{\max} - X_{\min}} \times 10$$

其中:

X 新颖度:表示某主题的新颖度

X:表示某主题的平均年

X_{min}:表示数据源内数值最小平均年

X_{max}:表示数据源内数值最大平均年

根据上所述公式的计算结果及阈值的判定,可将各个研究前沿主题进行定量分析,从而得到各个不同类型的研究前沿。对于相似度计算后主题的对比方法如图 5.2 所示:

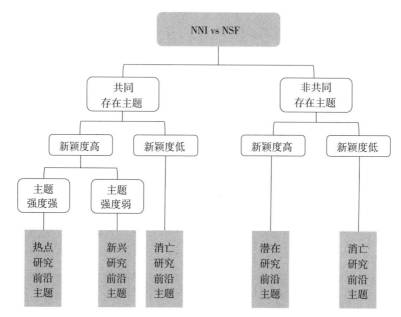

图 5.2　基于规划文本和基金项目数据主题对比的研究前沿主题识别方法流程

通过对比科技规划文本和基金项目数据的研究主题可能出现以下几种情况:

(1)某研究主题出现在基金项目数据与 NNI 规划文本数据源中,因基金项目数据的主题强度与主题新颖度不同而存在不同类型的研究前沿。主要体现在以下三种情况:

①基金项目数据主题新颖度高,并且该主题强度强,本书将此类型主题判定为热点研究前沿主题。

②基金项目数据主题新颖度高,但是该主题强度弱,本书将此类型主题判定为新兴研究前沿主题。

③基金项目数据主题新颖度低,本书将此类型主题判定为消亡研究前沿主题。

(2)某研究主题出现在基金项目数据源,但未出现在 NNI 规划文本数据源中,根据基金项目数据的主题新颖度高低,主要体现在以下两种情况:

①基金项目数据主题新颖度较高的主题,本书将此类型主题判定为潜在研究前沿主题。

②基金项目数据主题新颖度较低的主题,本书将此类型的主题判定为消亡研究前沿主题。

根据以上叙述,研究前沿主题分以下为 4 种:

(1)热点研究前沿主题:本书认为,若是某一主题在最近时间段内基金项目数量激增,此主题处于研发成长的最佳阶段,此主题为热点研究前沿主题。

(2)新兴研究前沿主题:若是某一个主题的基金项目的数量不高但主题新颖度较新,说明此主题的研究人员并未达到饱和状态,或者是此研究主题方向相对较深,涉及的领域较多,对科研人员要求较高,本书将此种主题判定为新兴研究前沿主题,在未来时间段,随着此领域内科研人员数量的增多,申请基金项目的数量也随之增多,此主题成为热点研究前沿主题。

(3)消亡研究前沿主题:若是某主题年份较为陈旧,随着时间的增长,此主题基金项目数量逐渐减少,则说明这个主题已经被研究透彻,无继续深入研究的必要,或者是当前的发展状况并不能满足此研究主题需要的客观条件,无法进行相应的深入探索与研究,本书将此种主题判定为消亡的研究前沿主题。

(4)潜在研究前沿主题:本书认为,单独出现在一种数据源内,而不存在于另一种数据源内,并且在此数据源内主题较为新颖,则此主题可被判定为潜在研究前沿主题。在未来当研究数量达到一定量的积累,达到一定科研成果之后,会在另一数据源中相应体现出来,并且与此同时推动此主题的发展,使此主题逐渐成为热点研究前沿主题。

将得到的 9 个基金项目数据研究主题以 NSF-x 规则命名,x 代表主题号,基金项目数据第一个研究主题为 NSF-0,第二个研究主题为 NSF-1,以此类推第九个研究主题为 NSF-8。

得到 CNT 相关规划研究主题共计 4 个,以 NNI-CNT-x 规则命名,x 代表主题号,CNT 相关规划第一个研究主题为 NNI-CNT-0,第二个研究主题为 NNI-CNT-1,以此类推第四个研究主题为 NNI-CNT-3;

得到 NSF 相关规划研究主题共计 5 个,以 NNI-NSF-x 规则命名,x 代表主题号,NSF 相关规划第一个研究主题为 NNI-NSF-0,第二个研究主题为 NNI-NSF-1,以此类推第四个研究主题为 NNI-NSF-3;

将基金项目十年数据源取得的主题与 CNT 相关规划十年数据源取得的主题进行相似度对比,得到结果如表 5.1 所示:

表 5.1　基金项目数据研究主题与 CNT 相关规划研究主题相似度对比结果

基金项目数据研究主题	CNT 相关规划研究主题	相似度
NSF-0	NNI-CNT-0	0
NSF-0	NNI-CNT-1	0.05
NSF-0	NNI-CNT-2	0
NSF-0	NNI-CNT-3	0.08
NSF-1	NNI-CNT-0	0
NSF-1	NNI-CNT-1	0.05
NSF-1	NNI-CNT-2	0.04
NSF-1	NNI-CNT-3	0.03
NSF-2	NNI-CNT-0	0
NSF-2	NNI-CNT-1	0.18

基金项目数据研究主题	CNT 相关规划研究主题	相似度
NSF-2	NNI-CNT-2	0
NSF-2	NNI-CNT-3	0.05
NSF-3	NNI-CNT-0	0.02
NSF-3	NNI-CNT-1	0.05
NSF-3	NNI-CNT-2	0
NSF-3	NNI-CNT-3	0.08
NSF-4	NNI-CNT-0	0
NSF-4	NNI-CNT-1	0
NSF-4	NNI-CNT-2	0.09
NSF-4	NNI-CNT-3	0
NSF-5	NNI-CNT-0	0.11
NSF-5	NNI-CNT-1	0
NSF-5	NNI-CNT-2	0
NSF-5	NNI-CNT-3	0
NSF-6	NNI-CNT-0	0.02
NSF-6	NNI-CNT-1	0.08
NSF-6	NNI-CNT-2	0
NSF-6	NNI-CNT-3	0
NSF-7	NNI-CNT-0	0
NSF-7	NNI-CNT-1	0.02
NSF-7	NNI-CNT-2	0.04
NSF-7	NNI-CNT-3	0
NSF-8	NNI-CNT-0	0
NSF-8	NNI-CNT-1	0.02
NSF-8	NNI-CNT-2	0
NSF-8	NNI-CNT-3	0.12

　　将表5.1相似度结果通过可视化手段Javascript编译成相似度热力图进行辅助分析,得到基金项目数据研究主题与CNT相关规划研究

主题相似度热力图如图 5.3 所示。

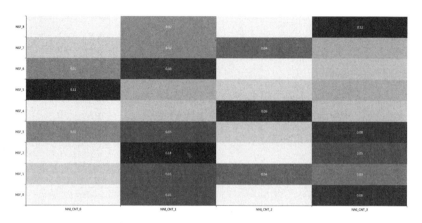

图 5.3　基金项目数据研究主题与 CNT 相关规划研究主题相似度热力图

只保留相似度计算结果中大于 0.03 的主题,去除小于等于 0.03
的主题,得到的结果如图 5.4 所示。

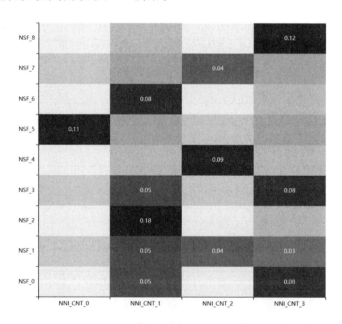

图 5.4　经处理的基金项目数据研究主题与 CNT 相关规划研究主题热力图

从图5.4可以看出,基金项目数据的9个研究主题,在两数据集中均有出现,因此都是共同存在主题。

将基金项目十年数据源取得的主题与NSF相关规划十年数据源取得的主题进行相似度对比,得到结果如表5.2所示:

表5.2 论文十年数据源主题与NSF规划文本十年
数据源主题相似度对比结果

基金项目数据研究主题	NSF 相关规划研究主题	相似度
NSF-0	NNI-NSF-0	0.03
NSF-0	NNI-NSF-1	0.05
NSF-0	NNI-NSF-2	0
NSF-0	NNI-NSF-3	0
NSF-0	NNI-NSF-4	0
NSF-1	NNI-NSF-0	0.03
NSF-1	NNI-NSF-1	0
NSF-1	NNI-NSF-2	0.03
NSF-1	NNI-NSF-3	0
NSF-1	NNI-NSF-4	0.03
NSF-2	NNI-NSF-0	0.05
NSF-2	NNI-NSF-1	0
NSF-2	NNI-NSF-2	0.07
NSF-2	NNI-NSF-3	0
NSF-2	NNI-NSF-4	0
NSF-3	NNI-NSF-0	0.02
NSF-3	NNI-NSF-1	0.02
NSF-3	NNI-NSF-2	0.07
NSF-3	NNI-NSF-3	0.02
NSF-3	NNI-NSF-4	0.02
NSF-4	NNI-NSF-0	0
NSF-4	NNI-NSF-1	0.15

续表

基金项目数据研究主题	NSF 相关规划研究主题	相似度
NSF-4	NNI-NSF-2	0.05
NSF-4	NNI-NSF-3	0
NSF-4	NNI-NSF-4	0
NSF-5	NNI-NSF-0	0
NSF-5	NNI-NSF-1	0
NSF-5	NNI-NSF-2	0
NSF-5	NNI-NSF-3	0
NSF-5	NNI-NSF-4	0.03
NSF-6	NNI-NSF-0	0.07
NSF-6	NNI-NSF-1	0
NSF-6	NNI-NSF-2	0.02
NSF-6	NNI-NSF-3	0
NSF-6	NNI-NSF-4	0.04
NSF-7	NNI-NSF-0	0
NSF-7	NNI-NSF-1	0
NSF-7	NNI-NSF-2	0.05
NSF-7	NNI-NSF-3	0
NSF-7	NNI-NSF-4	0
NSF-8	NNI-NSF-0	0.03
NSF-8	NNI-NSF-1	0.02
NSF-8	NNI-NSF-2	0.09
NSF-8	NNI-NSF-3	0
NSF-8	NNI-NSF-4	0.06

  将表 5.2 相似度结果通过可视化手段 Javascript 编译成相似度热力图进行辅助分析,得到基金项目数据研究主题与 NSF 相关规划研究主题相似度热力图如图 5.5 所示。

  只保留相似度计算结果中大于 0.03 的主题,去除小于等于 0.03 的主题,得到的结果如图 5.6 所示。

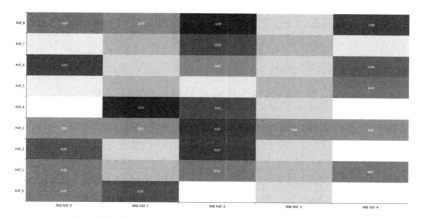

图 5.5 基金项目数据研究主题与 NSF 相关规划研究主题相似度热力图

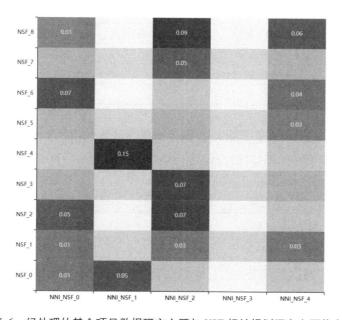

图 5.6 经处理的基金项目数据研究主题与 NSF 相关规划研究主题热力图

从图 5.6 可以看出,基金项目数据的 9 个研究主题中,在两数据集中均有出现,因此都是共同存在主题。NNI-NSF-3 在基金项目数据中没有体现,因此是非共同存在主题。

在前文分析基础上,可以得到各个主题所属范畴,本书将各个范畴内主题汇总,并对同一范畴内主题进行分析。

按照新颖度进行归一化处理公式进行主题外部指标计算,将基金项目十年时间段数据源进行统计后计算结果如表5.3所示。

表5.3　基金项目十年时间段数据源主题新颖度计算结果

主题	新颖度
NSF-0	10
NSF-1	5.408052231
NSF-2	0
NSF-3	4.994559304
NSF-4	2.383025027
NSF-5	2.383025027
NSF-6	1.838955386
NSF-7	0.027203482
NSF-8	2.905331882

按照主题强度公式进行主题外部指标计算,将基金项目十年时间段数据源进行统计后计算结果如表5.4所示。

表5.4　基金项目十年时间段数据源主题强度计算结果

主题	主题强度
NSF-0	43
NSF-1	38
NSF-2	33
NSF-3	18
NSF-4	16
NSF-5	15
NSF-6	15
NSF-7	10
NSF-8	7

第三节　结 果 分 析

在主题对比过程中,本书将主题强度计算结果降序排列,位于前 50%的结果标记为"主题强度强",否则标记为"主题强度弱";将主题新颖度计算结果降序排列,位于前 80%的结果标记为"新颖度高",否则标记为"新颖度低";将相似度计算结果小于 0.03 的数据标记为"非共同存在主题",即该主题仅在某单一数据源中有明显体现。

经过上述的对比可以发现识别出的前沿主题结果具有一定的差异性,本书只讨论相同结果,不相同的结果具有争议性,本书不再讨论,所以最终识别出的前沿主题结果如表 5.5 所示。

表5.5　NNI 规划文本数据和 NSF 基金项目数据主题对比结果

| | 共同存在主题 | | 非共同存在主题 |
	主题强度强	主题强度弱	
新颖度高	NSF-5 NSF-6	NSF-0 NSF-1 NSF-3 NSF-4 NSF-8	无
新颖度低	NSF-2 NSF-7		无

根据对比结果,将各主题划分为热点研究前沿主题、新兴研究前沿主题、潜在研究前沿主题和消亡研究前沿主题四类,具体分类结果如表 5.6所示:

表5.6　前沿主题识别结果

热点研究前沿主题	新兴研究前沿主题	消亡研究前沿主题	潜在研究前沿主题
NSF-5	NSF-0	NSF-2	
NSF-6	NSF-1	NSF-7	
	NSF-3		
	NSF-4		
	NSF-8		

一、热点研究前沿主题

由前沿主题识别结果可以看出,热点研究前沿主题为 NSF-5 和 NSF-6。

(1)主题 NSF-5 的外部指标计算结果如表5.7所示:

表5.7　主题 NSF-5 外部指标计算结果

外部指标	计算结果	强/弱(高/低)
主题新颖度	2.38	高
主题强度	33	强

主题 NSF-5 的 LDA 主题词识别结果为:devic | electron | sensor | perform | commerci | transistor | sens | cost | fabric | array | Phase | system | power | Busi | assembl。

主题 NSF-5 的主要研究内容为评估生产大量单壁碳纳米管的方法,这些碳纳米管的直径或电子类型(半导体或金属)为单分散的,根据尺寸和电子类型,碳纳米管的许多潜在的光电和复合技术运用将成为可能。

(2)主题 NSF-6 的外部指标计算结果如表5.8所示:

表5.8　主题NSF-6外部指标计算结果

外部指标	计算结果	强/弱（高/低）
主题新颖度	1.84	高
主题强度	43	强

主题NSF-6的LDA主题词识别结果为：electron ｜ devic ｜ materi ｜ fundament ｜ studi ｜ physic ｜ interact ｜ properti ｜ measur ｜ experi ｜ approach ｜ activ ｜ electr ｜ educ ｜ investig。

主题NSF-6的主要研究内容为采用高效、多维的优化方法来开发新型的非周期电介质堆，将宽太阳光谱耦合到用作太阳能电池有源器件区域的非常薄的薄膜中。

二、新兴研究前沿主题

由前沿主题识别结果可以看出，热点研究前沿主题为主题NSF-0、NSF-1、NSF-3、NSF-4和NSF-8。

（1）主题NSF-0的外部指标计算结果如表5.9所示：

表5.9　主题NSF-0外部指标计算结果

外部指标	计算结果	强/弱（高/低）
主题新颖度	10	高
主题强度	15	弱

主题NSF-0的LDA主题词识别结果为：surfac ｜ catalyst ｜ synthesi ｜ activ ｜ potenti ｜ involv ｜ challeng ｜ growth ｜ chemistri ｜ investig ｜ templat ｜ function ｜ separ ｜ chiral ｜ scalabl。

主题NSF-0的主要研究内容为碳纳米管的表面特性和制备工艺，其中包括碳纳米管的直径、手性控制与再生。

（2）主题NSF-1的外部指标计算结果如表5.10所示：

表 5.10　主题 NSF-1 外部指标计算结果

外部指标	计算结果	强/弱(高/低)
主题新颖度	5.4	高
主题强度	18	弱

主题 NSF-1 的 LDA 主题词识别结果为：membran｜water｜separ｜cost｜select｜purif｜industri｜desalin｜transport｜product｜perform｜fuel｜improv｜impact｜energi。

主题 NSF-1 的主要研究内容为利用纳米材料的独特性能来开发具有针对渗透应用的改进性能的膜,基于渗透的工业过程比蒸发和压力驱动的膜过程具有更多优点,包括低能耗、低操作温度和压力以及高产品浓度。本主题的更广泛的社会影响将是在废水处理、工业分离、海水淡化以及能源产生等领域实现许多应用。

(3)主题 NSF-3 的外部指标计算结果如表 5.11 所示:

表 5.11　主题 NSF-3 外部指标计算结果

外部指标	计算结果	强/弱(高/低)
主题新颖度	5.0	高
主题强度	16	弱

主题 NSF-3 的 LDA 主题词识别结果为：structur｜electron｜materi｜properti｜synthesi｜growth｜atom｜support｜control｜simul｜chemic｜comput｜Chemistri｜optic｜tool。

主题 NSF-3 的主要研究内容为开发通过等离子体增强化学气相沉积(PECVD)开发单壁碳纳米管(SWCNT)可控合成的关键科学。碳纳米管已被证明可产生广泛的突出物理性质,具有重要的技术和社会意义,然而,一些关键性能在很大程度上取决于材料参数,迄今为止,这些参数在合成过程中基本上无法控制。良好控制的碳纳米管制造可以在各种应用中实现突破,包括超快场效应晶体管和纳米电子电路,直接能量转换工艺,场发射器件,高温超导体,纺织纤维和高导热薄膜。

(4)主题 NSF-4 的外部指标计算结果如表 5.12 所示:

表 5.12　主题 NSF-4 外部指标计算结果

外部指标	计算结果	强/弱(高/低)
主题新颖度	2.4	高
主题强度	15	弱

主题 NSF-4 的 LDA 主题词识别结果为:contamin ｜ organ ｜ environment ｜ nanomateri ｜ adsorpt ｜ environ ｜ behavior ｜ water ｜ dynam ｜ effect ｜ chemic ｜ studi ｜ structur ｜ interact ｜ impact。

主题 NSF-4 的主要研究内容为使用碳基纳米材料从水中去除一些最普遍的污染物。主要致力于帮助阐明碳纳米管与有机污染物相互作用的基本机制,这是开发基于碳纳米管的环境修复方法向前迈出的重要一步。

(5)主题 NSF-8 的外部指标计算结果如表 5.13 所示:

表 5.13　主题 NSF-8 外部指标计算结果

外部指标	计算结果	强/弱(高/低)
主题新颖度	2.9	高
主题强度	7	弱

主题 NSF-8 的 LDA 主题词识别结果为:interconnect ｜ industri ｜ design ｜ educ ｜ adhes ｜ architectur ｜ combin ｜ input ｜ microprocessor ｜ optim ｜ align ｜ experi ｜ brThe ｜ materi ｜ address。

主题 NSF-8 的主要研究内容为探讨并解决未来微处理器中片上互连的某些关键问题,这些问题可能会在不到十年的时间内阻碍微电子工业的发展。

三、消亡研究前沿主题

由前沿主题识别结果可以看出,热点研究前沿主题为主题 NSF-2 和 NSF-7。

(1)主题 NSF-2 的外部指标计算结果如表 5.14 所示:

表 5.14　主题 NSF-2 外部指标计算结果

外部指标	计算结果	强/弱(高/低)
主题新颖度	0	低
主题强度	38	强

主题 NSF-2 的 LDA 主题词识别结果为:materi | structur | properti | energi | polym | composit | mechan | manufactur | thermal | contact | engin | electr | fiber | nanocomposit | impact。

主题 NSF-2 的主要研究内容为一维纳米结构(如碳纳米管)的压缩行为,以及作为能量吸收层的潜在应用,改善这些特性对于探索 MEMS 和 NEMS,传感器和执行器以及轻质能量吸收涂层等许多领域的应用非常重要。

(2)主题 NSF-7 的外部指标计算结果如表 5.15 所示:

表 5.15　主题 NSF-7 外部指标计算结果

外部指标	计算结果	强/弱(高/低)
主题新颖度	0	低
主题强度	10	弱

主题 NSF-7 的 LDA 主题词识别结果为:cell | field | coat | therapi | tissu | electr | actuat | function | cancer | tumor | impact | propos | provid | effect | ceram。

主题 NSF-7 的主要研究内容为探索新型的激光烧结法制备功能

梯度纳米陶瓷纳米复合涂层的加工—结构—性能关系,并对其进行测试,碳纳米管的加入对陶瓷涂层的力学性能有显著的增强作用。

　　在第二章与第三章分析的基础上,本章将规划文本和基金项目数据两种数据源中的主题进行相似度计算,并利用可视化手段辅助对计算结果进行分析,使用主题强度指标与主题新颖度指标,将得到的主题分为热点研究前沿主题,新兴研究前沿主题,潜在研究前沿主题与消亡研究前沿主题。

第 六 章

基于规划文本和论文数据主题
对比的研究前沿识别研究

规划文本规划的研究前沿主题较为宏观,更具前瞻性,而论文数据蕴含的研究前沿主题更加具体,多数是已经成为热点的研究前沿主题。本章将利用前面第二章和第四章识别出的规划文本和论文数据的研究前沿主题,通过文本相似度计算对两种不同数据源的研究前沿主题进行对比分析,通过主题强度、新颖度等指标发现不同数据源中蕴含的研究前沿主题的异同,进而揭示出当前热点研究前沿以及未来新兴研究前沿主题。

第 一 节 研 究 思 路

基于规划文本和论文数据主题对比的研究前沿识别研究思路如图6.1所示:

第一步:数据获取。在 WOS 平台论文核心数据库下载碳纳米管研究领域高被引论文数据,下载后为全球 WOS 数据,再在区域内限制为the US,下载后为美国 WOS 数据,在基金资助机构中选择 NSF,下载后为 NSF 机构 WOS 数据。NNI 规划文本中,通过官网下载链接存储为NNI 规划文本数据。

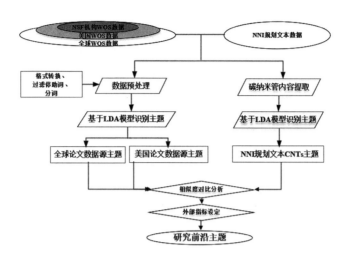

图 6.1　基于规划文本和论文数据主题对比的研究前沿识别研究思路

第二步：数据处理。对 WOS 论文数据与 NNI 规划文本数据分别进行不同的文本处理方式。对 WOS 平台下载的三组数据分别进行时间维度划分、数据预处理及 LDA 主题识别三个步骤，得到三组数据的三个主题。对 NNI 规划文本进行内容界定，通过正则表达式选择与碳纳米管有关材料作为 NNI 规划文本 CNTs 主题，通过 LDA 主题识别，获取规划主题。论文数据源的数据处理具体是在 KNIME 平台上对此数据集合分别进行格式转换、过滤停用词及分词等步骤，实现论文数据的预处理。

第三步：主题提取。对于论文数据源，本书使用 KNIME 平台中的 LDA 主题识别模型进行识别。首先对数据进行困惑度计算，根据困惑度计算结果调整 KNIME 平台选择的节点的参数设置，对 18 个数据集合进行 LDA 主题识别，得到 18 个数据集合的主题。

NNI 规划文本在进行规划描述时，使用语言简练并且高度凝缩，可抽取数量、文字量及文字内容可以直接作为主题使用，至此可以得到 NNI 规划文本 CNTs 主题下的 5 个时间段主题，NSF 机构下的 5 个时间段主题。对时间段合并后得到 NNI 规划文本 CNTs 主题与 NSF 规划主

217

题,共有主题集合 12 个。

第四步:对比分析。通过对同一时间段内不同数据源进行对比分析,可以得到论文数据源与规划文本数据源的规划侧重点,提高对碳纳米管预测的准确性。本书将相似度计算分为十年时间段之间的两两对比,得到 10 年间两组数据的共同发展主题。在进行对比分析时,使用前文分析中的主题强度分析,主题影响力分析及主题新颖度分析结果作为外部指标,对对比分析结果进行解读。本书提出主题发展潜力,将主题内的总被引频次除以主题内的总论文数量,得到主题内的篇均被引频次,将篇均被引频次作为主题发展潜力的指标。

第二节　实　验

鉴于研究思路中的第一步、第二步及第三步分别在本书的第二章及第四章进行了详细说明,因此本章内容基于第二章与第四章的分析结果,注重于研究思路中的第四步。通过主题相似度计算对比对两个数据源主题异同,主要集中于十年主题数据与细分时间段对比,并且在此基础上对实验结果进行分析。

一、实验环境

1. 硬件

Windows 7 系统(64 位),Intel(R) Xeon(R) CPU,4G RAM,500G HardDrive。

2. 软件平台

数据挖掘软件 KNIME、社会网络分析软件 Gephi 等。

二、数据源

在 WOS 核心数据库构造检索式:[TI:(carbon nanotube* or carbon-nanotube* or CNT or SWNT* or MWNT* or DWNT* or SWCNT* or MWCNT* or DWCNT*)]。

精炼依据：ESI 高水平论文(领域中的高被引论文)；

检索数据库：SCI-EXPANDED,SSCI；

时间跨度：2008—2017 年；

检索结果：856 篇；

检索时间：2018 年 7 月 25 日。

对此 856 篇论文数据的题目、关键词、摘要、被引频次及出版年的数据进行下载,构成全球十年论文数据源。

在 856 篇论文数据源中,对国家/地区进行选择：USA,可得到由美国发表的 286 篇高被引论文数据。对此 286 篇论文数据的题目、关键词、摘要、被引频次及出版年的数据进行下载,构成美国十年论文数据源。

从 NNI 官方网站上下载 2008—2017 年的 NNI 科技规划文本构成 NNI 规划文本十年数据源。

三、实验过程与参数设置

本书将论文数据源主题与 NNI 规划文本主题进行相似度对比研究。通过识别出的论文数据与规划文本数据研究前沿主题的异同,对比主题强度与主题影响力相结合的主题发展潜力计算结果、主题新颖度计算结果后得到本书各个研究前沿主题。

数据源的下载,数据预处理,LDA 主题识别及主题强度与主题影响力的计算在第二章与第四章已进行详细描述。

在得到 LDA 主题结果之后,选取 cosine 文本主题相似度计算方法,进行相似度计算,将论文数据源全球主题与 NNI 规划文本主题进行相似度计算,将论文数据源美国主题与 NNI 规划文本主题进行相似度计算。

将主题相似度计算结果阈值小于 0.03 的主题对比结果予以删除,保留相似度计算结果大于 0.03 的主题作为本书讨论的主题。

在对主题进行外部指标分析时,本书使用主题发展潜力模型进行主题外部指标计算,公式如下所示:

$$Q_s = \frac{I_s}{T_s} = \frac{\sum_{i=1}^{n} p_i}{\sum_{i=1}^{n} c_i}$$

其中:

T_s:表示主题 s 的主题强度;

n:表示主题 s 内的论文数量;

p_i:表示主题 s 内的第 i 篇论文;

I_s:表示主题 s 的主题影响力;

n:表示主题 s 内论文数量;

c_i:表示第 i 篇论文的被引用次数。

在对论文新颖度进行分析时,本书将新颖度进行归一化处理,其计算方法如下公式所示:

$$X_{新颖度} = \frac{X - X_{min}}{X_{max} - X_{min}} \times 10$$

其中:

$X_{新颖度}$:表示某主题的新颖度;

X:表示某主题的平均年;

X_{min}:表示数据源内数值最小平均年;

X_{max}:表示数据源内数值最大平均年。

根据上述公式的计算结果及阈值的判定,可将各个研究前沿主题进行定量分析,从而得到各个不同类型的研究前沿。对相似度计算后主题的对比思路如图 6.2 所示:

通过对比科技规划文本和论文文本数据的研究主题可能出现以下

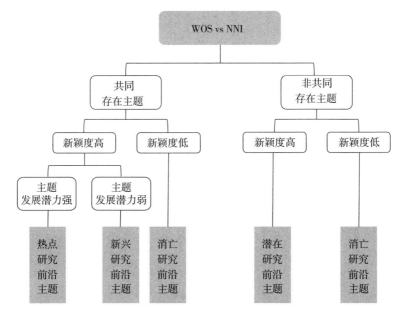

图 6.2 基于规划文本和论文数据主题对比的研究前沿主题识别方法流程

几种情况：

（1）某主题均出现在论文文本数据源与 NNI 规划文本数据源中，因论文文本的主题强度与主题影响力、主题年份不同而存在不同类型的研究前沿。主要有以下三种情况：

①论文主题新颖度高，并且论文主题发展潜力高，本书将此类型主题判定为热点研究前沿主题。

②论文主题新颖度高，但是论文主题发展潜力低，本书将此类型主题判定为新兴研究前沿主题。

③论文主题新颖度低，并且论文主题发展潜力低，本书将此类型主题判定为消亡研究前沿主题。

（2）某主题出现在论文文本数据源中，但未出现在 NNI 规划文本数据源中，根据论文文本的主题发展潜力，主要有以下两种情况：

①论文主题新颖度较高的主题，本书将此类型主题判定为潜在研

究前沿主题。

②论文主题新颖度较低的主题,本书将此类型的主题判定为消亡研究前沿主题。

本书认为,某一主题在最近时间段内论文数量激增,并且论文的被引频次也达到量的积累时,此主题处于研发成长的最佳阶段,此主题为热点研究前沿主题。

若是某一个主题的论文发文量不高,其被引频次也不算高,但主题新颖度较高,说明此主题的研究并未达到饱和状态,或者是此研究主题方向相对较深,涉及的领域较多,对科研人员要求较高,本书将此种主题判定为新兴研究前沿主题。在未来时间段,随着此领域内科研人员数量的增多,科技文献的数量也随之增多,其相对应的被引频次也会相对较高,有可能使此主题成为热点研究前沿主题。

若是某主题年份较为陈旧,随着时间的增长,此主题论文数量逐渐减少,则说明这个主题已经被解决,无继续深入研究的必要,或者是当前的发展状况并不能满足此研究主题需要的客观条件,无法进行相应的深入探索与研究,本书将此种主题判定为消亡的研究前沿主题。

本书认为,单独出现在一种数据源内,而不存在于另一种数据源内,并且在此数据源内论文主题较为新颖,则此主题可被判定为潜在研究前沿主题。当论文数量达到一定量的积累,获得一定科研成果之后,会在另一数据源中相应体现出来,并且与此同时推动此主题的发展,使此主题逐渐成为热点研究前沿主题。

将全球论文主题识别后得到的 10 个主题分别命名为 GT10-编号,GT10-0 作为全球论文主题的第一个主题,10 个主题的标号从 GT10-0 开始至 GT10-9 结束。将美国论文主题识别后得到的 4 个主题分别命名为 AT4-编号,AT4-0 作为美国论文主题的第一个主题,4 个主题的标号从 AT4-0 开始至 AT4-3 结束。将 NNI 规划文本识别后得到的 4 个主题分别命名为 NNI-编号,NNI-0 作为 NNI 规划文本的第一个主题,四个主题的标号从 NNI-0 开始至 NNI-3 结束。

第三节　结果分析

本书认为通过相似度计算,两个数据源共有部分可作为热点研究前沿主题。在热点研究前沿主题中,跨度较长主题为持续热点研究前沿主题,发表年份较新颖主题为新兴热点研究前沿主题,发表年份较旧的主题为消亡热点研究前沿主题。

将全球论文十年数据源取得的主题与 NNI 规划文本十年数据源取得的主题进行相似度对比,得到结果如表 6.1 所示:

表 6.1　全球论文与 NNI 规划文本十年数据源主题相似度对比结果

全球论文主题	规划文本数据源主题	相似度
GT10-8	NNI-3	0.106315
GT10-3	NNI-1	0.093576
GT10-7	NNI-2	0.086211
GT10-8	NNI-1	0.085543
GT10-2	NNI-1	0.075473
GT10-5	NNI-2	0.072034
GT10-1	NNI-3	0.050254
GT10-7	NNI-1	0.044877
GT10-4	NNI-1	0.043331
GT10-8	NNI-2	0.033714
GT10-8	NNI-0	0.03166
GT10-3	NNI-2	0.031272

全球论文十年数据源主题共有 10 个,由主题 0 至主题 9,在上表中,可以得到 7 个主题与 NNI 规划文本相似度计算值不为零,此 7 个主题属于与 NNI 规划文本存在相同主题的主题。主题 0、主题 6 与主题 9

属于与 NNI 规划文本无共同存在主题的主题。

将美国论文十年数据源取得的主题与 NNI 规划文本十年数据源取得的主题进行相似度对比,得到结果如表 6.2 所示:

表 6.2　美国论文与 NNI 规划文本十年数据源主题相似度对比结果

美国论文十年数据	NNI 规划文本十年数据	相似度
AT4-2	NNI-1	0.079604
AT4-2	NNI-3	0.06618
AT4-2	NNI-2	0.065108
AT4-0	NNI-0	0.063408
AT4-1	NNI-1	0.037563
AT4-1	NNI-2	0.037201
AT4-3	NNI-3	0.036989

美国论文十年数据源主题共有 4 个,由主题 0 至主题 3,在上表中,可以得到 4 个主题与 NNI 规划文本相似度计算值都不为零,4 个主题皆与 NNI 规划文本存在相似主题。

在前文分析基础上,可以得到各个主题所属范畴,本书将各个范畴内主题汇总,并对同一范畴内主题进行分析。

本书认为,若是论文数据源中的主题与 NNI 数据源中的多个主题得到匹配,则表明此主题在发表论文后,受到一定的重视,得到各个机构的支持,研究从而得以持续进行,成为持续受关注的研究前沿主题。

按照新颖度用归一化处理公式进行主题外部指标计算,将全球论文十年时间段数据源进行统计后计算结果如表 6.3 所示:

表 6.3　全球论文十年时间段数据源主题新颖度计算结果

主题	新颖度
GT10-0	6.411306841
GT10-1	10

主题	新颖度
GT10-2	0.020483408
GT10-3	7.173289635
GT10-4	7.517410897
GT10-5	6.521917247
GT10-6	0
GT10-7	7.591151168
GT10-8	5.018435068
GT10-9	4.940598116

　　按照主题发展潜力公式进行主题外部指标计算,将全球论文十年时间段数据源进行统计后计算结果如表6.4所示:

表6.4　全球论文十年时间段数据源主题发展潜力计算结果

主题	发展潜力值
GT10-0	298.86
GT10-1	154.89
GT10-2	249.06
GT10-3	196.61
GT10-4	242.93
GT10-5	197.76
GT10-6	293.21
GT10-7	194.28
GT10-8	306.32
GT10-9	226.56

　　在论文数据源中,主题强度的平均值为85.6,本书取值87,主题影响力的平均值为19897.9,主题的发展潜力平均值为232.452,主题新颖度的平均值为2012.2443。

按照新颖度用归一化处理公式进行主题外部指标计算,将美国论文十年时间段数据源进行统计后计算结果如表6.5所示:

表6.5 美国论文十年时间段数据源主题新颖度计算结果

主题	新颖度
AT4-0	10
AT4-1	0
AT4-2	9.140625
AT4-3	3.69140625

按照主题发展潜力公式进行主题外部指标计算,将美国论文十年时间段数据源进行统计后计算结果如表6.6所示:

表6.6 美国论文十年时间段数据源主题发展潜力计算结果

主题	发展潜力值
AT4-0	289.3980583
AT4-1	256
AT4-2	357.6666667
AT4-3	350.4807692

在论文数据源中,主题强度的平均值为71.5,本书取值87,主题影响力的平均值为22069.75,主题的发展潜力平均值为308.67,主题新颖度的平均值为2011.43。

在主题对比过程中,本书将主题发展潜力计算结果降序排列,位于前50%的结果标记为"主题发展潜力强",否则标记为"主题发展潜力弱";将主题新颖度计算结果降序排列,位于前80%的结果标记为"新颖度高",否则标记为"新颖度低";将相似度计算结果小于0.03的数据标记为"非共同存在主题",即该主题仅在某单一数据源中有明显体现。

NSF 基金项目数据和 WOS 论文全球数据对比结果如表 6.7 所示：

表 6.7　NNI 规划文本数据和 WOS 论文全球数据主题对比分类

	共同存在主题		非共同存在主题
	主题发展潜力强	主题发展潜力弱	
新颖度高	GT10-4 GT10-8	GT10-1 GT10-3 GT10-5 GT10-7	GT10-0 GT10-9
新颖度低	GT10-2		GT10-6

根据本书提出的主体类型判定思路,在此对比中:(1)GT10-4、GT10-8 为热点研究前沿主题;(2)GT10-1、GT10-3、GT10-5、GT10-7 为新兴研究前沿主题;(3)GT10-0、GT10-9 为消亡研究前沿主题;(4) GT10-2、GT10-6 为潜在研究前沿主题。

NSF 基金项目数据和 WOS 论文美国数据对比结果如表 6.8 所示：

表 6.8　NNI 规划文本数据和 WOS 论文美国数据主题对比分类

	共同存在主题		非共同存在主题
	主题发展潜力强	主题发展潜力弱	
新颖度高	AT4-2 AT4-3	AT4-0	
新颖度低	AT4-1		

根据本书提出的主体类型判定思路,在此对比中:(1)AT4-2、AT4-3 为热点研究前沿主题;(2)AT4-0 为新兴研究前沿主题;(3)AT4-1为消亡研究前沿主题。

一、热点研究前沿主题

在全球十年论文数据源与美国十年论文数据源中,属于热点研究前沿的主题为 GT10-4、GT10-8、AT4-2、AT4-3。

（1）GT10-4。主题的外部指标计算结果如表 6.9 所示：

表 6.9　GT10-4 外部指标计算结果

指标	计算结果	排名
主题新颖度	7.52	3
主题发展潜力	242.93	5

GT10-4 的 LDA 识别结果为 Batteri ｜ Composit ｜ Electrod ｜ Super-capacitor ｜ High-Perform ｜ Flexibl ｜ Film ｜ Hybrid ｜ Graphen ｜ Lithium-Sulfur ｜ Materi ｜ Cathod ｜ Fiber ｜ Lithium ｜ Stretchabl。

GT10-4 的主要研究内容为制备高性能柔性可延展的锂硫电池。碳纳米管在电池中可用来制作复合电极材料、负极活性材料、导电添加剂以及新型锂硫电池用复合导电载体。

（2）GT10-8。主题的外部指标计算结果如表 6.10 所示：

表 6.10　GT10-8 外部指标计算结果

指标	计算结果	排名
主题新颖度	5.02	7
主题发展潜力	306.32	1

GT10-8 的 LDA 识别结果为 composit ｜ graphen ｜ nanocomposit ｜ properti ｜ conduct ｜ mechan ｜ polym ｜ enhanc ｜ sensor ｜ effect ｜ electr ｜ shield ｜ activ ｜ reinforc ｜ nanoparticl。

GT10-8 的研究主题为石墨烯复合材料的电化学性能研究。石墨烯具有优异的倍率性能以及循环稳定性，其不可逆容量较小，但是石墨烯难以作为单一原料进行生产加工及制作各种产品，其使用方法主要为与其他材料体系复合，生产具有石墨烯优异性能的新型复合材料。如以石墨烯为载体负载纳米粒子，可以提高这些粒子的催化性能、传导性能;利用石墨烯较好的韧性,将其添加到高分子中,可以提高高分子材料的机械性能和导电性能。

(3)AT4-2。主题的外部指标计算结果如表6.11所示:

表6.11　AT4-2外部指标计算结果

指标	计算结果	排名
主题新颖度	9.14	2
主题发展潜力	357.67	1

AT4-2 的 LDA 识别结果为 batteri ｜ graphen ｜ materi ｜ composit ｜ perform ｜ cathod ｜ anod ｜ enhanc ｜ lithium-sulfur ｜ spectroscopi ｜ raman ｜ lithium ｜ cell ｜ function ｜ nanoribbon。

AT4-2 的主要研究内容为碳纳米管复合材料制造电极应用在锂硫电池之中,提高锂硫电池的性能。

(4)AT4-3。主题的外部指标计算结果如表6.12所示:

表6.12　AT4-3外部指标计算结果

指标	计算结果	排名
主题新颖度	3.69	3
主题发展潜力	350.48	2

AT4-2 的 LDA 识别结果为 batteri ｜ graphen ｜ materi ｜ composit ｜ perform ｜ cathod ｜ anod ｜ enhanc ｜ lithium-sulfur ｜ spectroscopi ｜ raman ｜ lithium ｜ cell ｜ function ｜ nanoribbon。

AT4-2 的主要研究内容为碳纳米管复合材料制造电极应用在锂硫电池之中,提高锂硫电池的性能。

通过对 4 个热点研究前沿主题的研究内容的对比可以得到,热点研究前沿的主要研究内容为锂硫电池的研究。碳纳米管具有纤维状结构,可以增大与电极材料颗粒的接触,并且其导热性能优异,可以在电池充放电时散热,增加锂硫电池的安全性。但是碳纳米管的分散性阻碍了碳纳米管在锂硫电池中的应用,是当下研究的重要方向之一。在电池中,碳纳米管可以作为电池的复合电极材料、负极活性材料、导电剂、太阳能电池的透明导电膜、燃料电池的储氢装置、燃料电池的催化剂。当下锂硫电池的热点发展方向为制备高性能柔性可延展的锂硫电池,将其应用在穿戴设备中,碳纳米管的光电转换效率高、性能稳定、具备优异的耐弯折性能,是柔性可穿戴器件的重要突破,研发新一代可穿戴电子设备中的电源,锂硫电池,是当前最为重要的热点研究前沿主题。

二、新兴研究前沿主题

在全球十年论文数据源与美国十年论文数据源中,属于新兴研究前沿的主题为 GT10-1、GT10-3、GT10-5、GT10-7、AT4-0。

（1）GT10-1。主题的外部指标计算结果如表 6.13 所示：

表 6.13　　GT10-1 外部指标计算结果

指标	计算结果	排名
主题新颖度	10	1
主题发展潜力	154.89	10

GT10-1 的 LDA 识别结果为 composit ｜ function ｜ grade ｜ analysi ｜ reinforc ｜ plate ｜ nanotube-reinforc ｜ vibrat ｜ elast ｜ beam ｜ method ｜ theori ｜ element-fre ｜ shell ｜ model。

GT10-1 的主要研究内容为碳纳米管增强复合材料,主要是利用碳纳米管优异的力学性能,用其作为增强材料制备而成的碳纳米管增强高分子基复合材料。

（2）GT10-3。主题的外部指标计算结果如表6.14所示：

表6.14　GT10-3外部指标计算结果

指标	计算结果	排名
主题新颖度	7.17	4
主题发展潜力	196.61	8

GT10-3 的 LDA 识别结果为 electrod ｜ batteri ｜ supercapacitor ｜ composit ｜ materi ｜ determin ｜ electrochem ｜ graphen ｜ perform ｜ sensor ｜ film ｜ anod ｜ nanocomposit ｜ synthesi ｜ flexibl。

GT10-3 的研究主题为应用在电池及超级电容器中的碳纳米管复合电极。碳纳米管自身导电性能优异，可作为导电结构与锂离子电池电极材料结合，从而制备具有良好电化学性能的复合电极材料。碳纳米管以其优异的导电能力可在不同的应用模式下显著提高储能电池的容量性能、倍率性能以及循环寿命。

（3）GT10-5。主题的外部指标计算结果如表6.15所示：

表6.15　GT10-5外部指标计算结果

指标	计算结果	排名
主题新颖度	6.52	5
主题发展潜力	197.76	7

GT10-5 的 LDA 识别结果为 oxid ｜ solut ｜ aqueous ｜ remov ｜ adsorpt ｜ multiwal ｜ catalyst ｜ metal ｜ dye ｜ activ ｜ Remov ｜ water ｜ Adsorption ｜ magnet ｜ ion。

GT10-5 的主要研究内容为通过氧化多壁碳纳米管使其存放于水溶液中。

（4）GT10-7。主题的外部指标计算结果如表6.16所示：

表 6.16　GT10-7 外部指标计算结果

指标	计算结果	排名
主题新颖度	7.59	2
主题发展潜力	194.28	9

GT10-7 的 LDA 识别结果为 nanofluid ｜ thermal ｜ temperatur ｜ hybrid ｜ cell ｜ wall ｜ deliveri ｜ experiment ｜ Effect ｜ heat ｜ solar ｜ drug ｜ perform ｜ transfer ｜ conduct。

GT10-7 的研究主题为碳纳米管—纳米流体导热系数研究。导热系数是反映介质传热能力的主要参数,导热系数的测量是纳米流体热传导性能的主要研究内容。

(5)AT4-0。主题的外部指标计算结果如表 6.17 所示:

表 6.17　AT4-0 外部指标计算结果

指标	计算结果	排名
主题新颖度	10	1
主题发展潜力	289.40	3

AT4-0 的 LDA 识别结果为 supercapacitor ｜ film ｜ electrod ｜ graphen ｜ composit ｜ flexibl ｜ sensor ｜ transpar ｜ electrochem ｜ stretchabl ｜ transistor ｜ electron ｜ high-perform ｜ hybrid ｜ conduct。

AT4-0 的主要研究内容为碳纳米管制电极应用在超级电容器中,超级电容器具有极高的功率密度、超快的充放电速率、较长的循环寿命、较好的稳定性和安全性从而可以应用在便携电子设备、可再生能源、智能电网、交通工具上。

通过对 5 个新兴研究前沿题的研究内容的对比可以得到,新兴研究前沿的主要研究内容为制作增强材料。碳纳米管优异的力学性能主要表现为拉伸强度高,抗断裂韧性好,对拉伸、弯曲以及扭曲具有优秀的应变感知能力,高强度的特性使它可作为超细高强度纤维,也可作为其他纤维、金属、陶瓷等的增强材料。将碳纳米管与其他工程材料制成复合材料,可对基体起到强化作用。使其可以制造高性能运动器材、防弹衣、大型飞机、大型运载火箭、超级抗震建筑等。

三、潜在研究前沿主题

在全球十年论文数据源与美国十年论文数据源中,属于潜在研究前沿的主题为 GT10-0、GT10-9。

(1)GT10-0。主题的外部指标计算结果如表 6.18 所示:

表 6.18　GT10-0 外部指标计算结果

指标	计算结果	排名
主题新颖度	6.41	6
主题发展潜力	298.86	2

GT10-0 的 LDA 识别结果为 Oxygen ｜ Reduct ｜ Nitrogen-Dop ｜ Reaction ｜ Electrocatalyst ｜ High ｜ Activiti ｜ Electrocatalyt ｜ Efficient ｜ Applicat ｜ Multiwal ｜ Role ｜ Synthesi ｜ Function ｜ Dispers。

GT10-0 的主要研究内容为氧还原反应,其中碳纳米管主要作为氧还原反应的催化剂。

(2)GT10-9。主题的外部指标计算结果如表 6.19 所示:

表 6.19　GT10-9 外部指标计算结果

指标	计算结果	排名
主题新颖度	4.94	8
主题发展潜力	226.56	5

GT10-9 的 LDA 识别结果为 Hydrogen ｜ Hybrid ｜ Evolut ｜ Efficient ｜ Water ｜ High ｜ Catalyst ｜ Nanotube-Graphen ｜ Reaction ｜ Electrocatalyst

｜Stabl｜Active｜Sorption｜fulleren｜Molybdenum。

GT10-9 的主要研究内容为用于析氢反应的碳纳米管杂化催化剂。

通过对两个潜在研究前沿主题的研究内容的对比可以得到,潜在研究前沿的主要研究内容为催化剂和超级电容器。碳纳米管本身具有结构特性大比表面积,可以使其制作催化剂,如碳纳米管负载金属催化剂,包括碳纳米管负载铂催化剂［铂(Pt)是性能优异的贵金属催化剂,负载铂纳米颗粒的载体对催化效果影响显著］。氮掺杂的碳纳米管纳米颗粒是析氢反应电催化剂。未来发展方向主要是提高贵金属催化剂的利用率、修饰载体和制备合金催化剂以提高抗中毒能力。碳纳米管可以用作电双层电容器电极材料。碳纳米管比表面积大、结晶度高、导电性好,微孔大小可通过合成工艺加以控制,因而是一种理想的电双层电容器电极材料。由于碳纳米管具有开放的多孔结构,并能在与电解质的交界面形成双电层,从而聚集大量电荷,功率密度可达 8000W/kg。电双层电容器既可用作电容器也可作为一种能量存储装置。超级电容器可大电流充放电,几乎没有充放电过电压,循环寿命可达上万次,工作温度范围很宽。电双层电容在声频—视频设备、调谐器、电话机和传真机等通信设备及各种家用电器中可得到广泛应用。碳纳米管超级电容器是已知的最大容量的电容器,存在着巨大的商业价值。

四、消亡研究前沿主题

在全球十年论文数据源与美国十年论文数据源中,属于热点研究前沿的主题为全球论文十年时间段主题 2、全球论文十年时间段主题 6、全球论文十年时间段主题 9、美国论文十年时间段主题 1、美国论文十年时间段主题 3。

(1)GT10-2。主题的外部指标计算结果如表 6.20 所示:

表 6. 20　GT10-2 外部指标计算结果

指标	计算结果	排名
主题新颖度	0.02	9
主题发展潜力	196.61	8

GT10-2 的 LDA 识别结果为 properti｜potenti｜chemic｜applic｜water｜treatment｜biomed｜oxid｜pulmonari｜toxic｜separ｜DNA｜transport｜deposit｜Inhalat。

GT10-2 的主要研究内容为研究碳纳米管的化学性能,并评价与碳纳米管接触或吸入后,其对人体各个器官,尤其是肺部的潜在危害。

(2)GT10-6。主题的外部指标计算结果如表 6.21 所示：

表 6. 21　GT10-6 外部指标计算结果

指标	计算结果	排名
主题新颖度	0	10
主题发展潜力	293.21	3

GT10-6 的 LDA 识别结果为 Graphen｜Multiwal｜Metal｜Chemic｜Mechan｜Aqueous｜Transistor｜Select｜Structur｜Determin｜Transpar｜Electron｜Print｜Sensor｜Nanomateri。

GT10-6 的主要研究内容为石墨烯金属复合材料。

(3)AT4-1。主题的外部指标计算结果如表 6.22 所示：

表 6. 22　AT4-1 外部指标计算结果

指标	计算结果	排名
主题新颖度	0	4
主题发展潜力	256	4

AT4-1 的 LDA 识别结果为 nanocomposit｜water｜mice｜mechan｜

chemic｜induc｜surfac｜adsorpt｜molecular｜toxic｜pulmonari｜trans-port｜potenti｜oxid｜conduct。

AT4-1的主要研究内容为碳纳米管复合材料的毒理研究,将其作用在小鼠上以得出结论。

通过对三个消亡研究前沿主题的研究内容的对比可以得到,消亡研究前沿的主要研究内容为碳纳米管的化学性能研究,具体为生物毒理研究,及碳纳米管作为催化剂作用在析氢反应中。通过对碳纳米管对人体危害的研究,可以根据研究结果制定相应的全球通用条例,从而掌握行业规范的话语权,但从碳纳米管发现至今,此领域的研究已经较为成熟完善,因此,与碳纳米管化学性能及生物毒理相关的研究为消亡研究前沿主题。在碳纳米管作为催化剂的研究中,碳纳米管负载金属催化剂,其包括碳纳米管负载铂催化剂［铂(Pt)是性能优异的贵金属催化剂,负载铂纳米颗粒的载体对催化效果影响显著］,碳纳米管在氧气还原反应中作为氧还原电催化剂的应用为潜在研究前沿主题,但是氮掺杂的碳纳米管纳米颗粒是析氢反应电催化剂为消亡研究前沿主题。

在第二章与第四章分析的基础上,将规划文本和论文数据两种数据源中的主题进行相似度计算,并对计算结果进行分析,主要使用主题发展潜力指标与主题新颖度指标,将得到的主题分为热点研究前沿主题、新兴研究前沿主题、潜在研究前沿主题与消亡研究前沿主题。热点研究前沿主题的主要研究内容为应用在可穿戴电子设备中锂硫电池的研究,新兴研究前沿主题主要为将碳纳米管作为增强材料制备而成的碳纳米管增强高分子基复合材料。潜在研究前沿主题主要研究内容为在氧气还原反应中作为氧还原电催化剂的应用研究及碳纳米管在超级电容器中的研究。消亡研究前沿主题主要研究内容为碳纳米管化学性能及生物毒理相关的研究与析氢反应电催化剂的研究。

第 七 章

基于基金项目数据和论文数据主题
对比的研究前沿识别研究

基金项目数据蕴含的研究前沿主题更多意味着正在布局的新兴研究前沿,而论文数据则体现出当前的热点研究前沿。本章将利用前面第三章和第四章识别出的基金项目数据和论文数据的研究前沿主题,通过文本相似度计算对两种不同数据源的研究前沿主题进行对比分析,发现不同数据源中蕴含的研究前沿主题的异同,进而揭示出当前热点研究前沿以及未来新兴研究前沿主题。

第一节 研究思路

本研究中,基金项目数据来源于 NSF(美国国家科学基金会,National Science Foundation,United States),其研究课题均在美国范围内;论文数据来源于 WOS 数据库(Web of Science),其研究内容覆盖全球。基于这样的研究前提,基金项目数据和论文数据主题的对比主要从两个维度展开:NSF 基金资助论文数据和 WOS 数据库全球论文数据对比,NSF 基金资助论文数据和美国国内论文数据对比。

第一步:数据获取与预处理。利用构建好的检索式,登陆 NSF 基金项目数据库和 Web of Science 数据库检索获取研究所需题录信息数

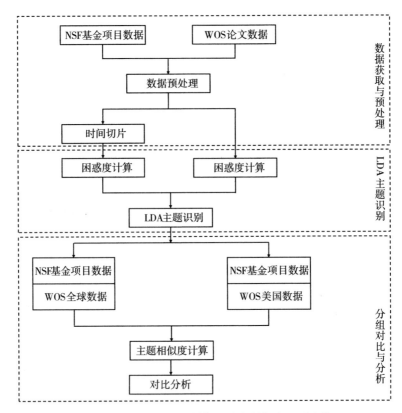

图 7.1　基于基金项目数据和论文数据主题对比的
新兴研究前沿识别研究思路

据。然后将获取的数据进行文本格式转换、去除停用词、分词等处理，并进行时间切片为后续研究提供支持。

　　第二步:LDA 主题识别。数据预处理完毕后的文本数据中富含大量信息,首先通过计算困惑度确定主题数量,然后通过 KNIME 大数据分析平台对其进行挖掘,识别出文本数据中蕴藏的研究主题。

　　第三步:分组对比与分析。分别对 NSF 基金项目数据和 WOS 论文全球数据、NSF 基金项目数据和 WOS 论文美国数据进行主题对比,并对对比结果进行分析。

第二节　实　验

一、实验环境

1. 硬件

Windows 7 系统（64 位），Intel（R）Xeon（R）CPU，4G RAM，500G HardDrive。

2. 软件平台

数据挖掘软件 KNIME、社会网络分析软件 UCINET 等。

二、数据源

基金项目：NSF 基金项目数据库。数据检索式：Keyword = "carbon nanotube*"；检索范围：基金项目名称；时间跨度：截至 2017 年 12 月 31 日；检索结果：195 项；检索日期：2018 年 7 月 20 日。

论文数据：SCI-EXPANDED，SSCI。

检索式：[TI：（carbon nanotube* or carbon-nanotube* or CNT or SWNT* or MWNT* or DWNT* or SWCNT* or MWCNT* or DWCNT*）]。

时间跨度：2007—2017 年；

检索结果：1410 篇；

检索日期：2018 年 7 月 6 日。

此外，论文数据根据来源和基金资助情况，又分为 WOS 全球数据、WOS 美国数据和 WOS 中受 NSF 基金资助的数据。

实验数据关系如图 7.2 所示。

三、实验过程与参数设置

数据预处理、LDA 主题识别及主题强度与主题新颖度的计算在第

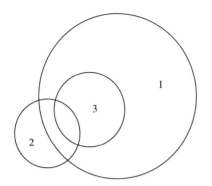

1　WOS全球数据
2　NSF基金项目数据
3　WOS美国数据
1∩2=WOS中标注NSF资助的论文数据

图7.2　实验数据关系图

二章与第三章已进行详细描述。在得到 LDA 识别主题之后,选取
cosine 距离为标准,进行相似度计算,将对 NSF 基金项目数据和 WOS
论文全球数据、WOS 论文美国数据分别进行相似度计算。

根据相似度计算结果,结合主题新颖度和主题强度等外部指标,对
主题类型进行判别。本章将主题划分为热点研究前沿主题、新兴研究
前沿主题、消亡研究前沿主题、潜在研究前沿主题四种类型。其探测方
法流程如图 7.3 所示:

通过对比 NSF 基金项目数据和 WOS 论文数据,可能出现以下几
种情况:

(1)某主题在 NSF 基金项目数据和 WOS 论文数据中均有出现,结
合新颖度和主题强度,可以分为以下三种情况:

①主题新颖度高,并且主题强度强,本书将此类型主题判定为热点
研究前沿主题。

②主题新颖度高,但主题强度弱,本书将此类型主题判定为新兴研
究前沿主题。

③主题新颖度低,本书将此主题类型判定为消亡研究前沿主题。

(2)某主题仅在 NSF 基金项目数据中或仅在 WOS 论文数据中出
现,结合主题新颖度,可以分为以下两种情况:

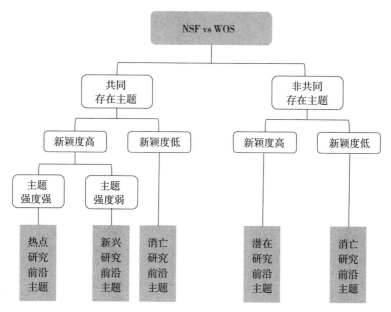

图 7.3　基于 NSF 与 WOS 对比的探测研究前沿主题方法流程

①主题新颖度高,本书将此类型主题判定为潜在研究前沿主题。

②主题新颖度低,本书将此类型主题判定为消亡研究前沿主题。

本书将全球论文主题识别后得到的 10 个主题分别命名为 GT10-编号,GT10-0 作为全球论文主题的第一个主题,10 个主题的标号从 GT10-0 开始至 GT10-9 结束。将美国论文主题识别后得到的 4 个主题分别命名为 AT4-编号,AT4-0 作为美国论文主题的第一个主题,4 个主题的标号从 AT4-0 开始至 AT4-3 结束。将 NSF 基金项目数据识别后得到的 9 个主题分别命名为 NSF-编号,NSF-0 作为 NSF 基金项目数据的第一个主题,四个主题的标号从 NSF-0 开始至 NSF-8 结束。

第三节　结　果　分　析

将 NSF 基金项目数据与 WOS 论文全球数据进行主题相似度对

比,得到结果如表7.1所示:

表7.1 NSF基金项目数据与WOS论文全球数据主题相似度计算结果

NSF	WOS 全球	相似度	NSF	WOS 全球	相似度
NSF-2	GT10-8	0.268103626	NSF-0	GT10-3	0.036815494
NSF-1	GT10-2	0.115297551	NSF-0	GT10-1	0.03346703
NSF-2	GT10-3	0.097329405	NSF-7	GT10-1	0.032106088
NSF-6	GT10-8	0.095306988	NSF-0	GT10-8	0.031420756
NSF-0	GT10-2	0.086474822	NSF-6	GT10-5	0.028784096
NSF-4	GT10-5	0.07555772	NSF-1	GT10-3	0.028615677
NSF-0	GT10-5	0.074696029	NSF-2	GT10-1	0.028526054
NSF-7	GT10-8	0.0692518	NSF-1	GT10-5	0.026835607
NSF-4	GT10-2	0.064733326	NSF-1	GT10-7	0.026204962
NSF-5	GT10-3	0.061897359	NSF-3	GT10-8	0.025477273
NSF-3	GT10-3	0.060128432	NSF-2	GT10-2	0.024772431
NSF-3	GT10-2	0.059025405	NSF-6	GT10-3	0.024683092
NSF-2	GT10-7	0.051927773	NSF-5	GT10-7	0.024672174
NSF-7	GT10-7	0.045046187	NSF-6	GT10-2	0.024230293
NSF-4	GT10-8	0.041236833	NSF-8	GT10-3	0.021150204
NSF-5	GT10-8	0.038706919			

在主题对比过程中,本书将主题强度计算结果降序排列,位于前50%的结果标记为"主题强度强",否则标记为"主题强度弱";将主题新颖度计算结果降序排列,位于前80%的结果标记为"新颖度高",否则标记为"新颖度低";将相似度计算结果小于0.03的数据标记为"非共同存在主题",即该主题仅在某单一数据源中有明显体现。NSF基金项目数据和WOS论文全球数据对比结果如表7.2所示:

表 7.2　NSF 基金项目数据和 WOS 论文全球数据主题对比分类

	共同存在主题		非共同存在主题
	主题强度强	主题强度弱	
新颖度高	NSF-5 NSF-6	NSF-0 NSF-1 NSF-3 NSF-4	GT10-0 GT10-4 GT10-9 NSF-8
新颖度低	NSF-2 NSF-7		GT10-6

根据本书提出的主体类型判定思路,在此对比中:(1)NSF-5、NSF-6 为热点研究前沿主题;(2)NSF-0、NSF-1、NSF-3、NSF-4 为新兴研究前沿主题;(3)NSF-2、NSF-7、GT10-6 为消亡研究前沿主题;(4)GT10-0、GT10-4、GT10-9、NSF-8 为潜在研究前沿主题。

将 NSF 基金项目数据与 WOS 美国论文数据进行主题相似度对比,得到结果如表 7.3 所示:

表 7.3　NSF 基金项目数据与 WOS 美国论文数据主题相似度计算结果

NSF	WOS	相似度	NSF	WOS	相似度
NSF-4	AT4-1	0.116978	NSF-6	AT4-3	0.033638
NSF-5	AT4-0	0.114348	NSF-0	AT4-2	0.03312
NSF-0	AT4-3	0.108514	NSF-1	AT4-2	0.032683
NSF-2	AT4-1	0.102456	NSF-3	AT4-3	0.031432
NSF-0	AT4-1	0.098846	NSF-5	AT4-2	0.031385
NSF-1	AT4-1	0.082433	NSF-6	AT4-0	0.026445
NSF-7	AT4-2	0.076167	NSF-3	AT4-0	0.024711
NSF-2	AT4-2	0.054431	NSF-6	AT4-2	0.020733
NSF-2	AT4-0	0.034317	NSF-3	AT4-2	0.019373
NSF-3	AT4-1	0.034078	NSF-8	AT4-2	0.017742

对比发现,NSF-8 为非共同存在主题。按照第三章提出的新颖度

计算方法,对各主题新颖度进行计算。同时,统计得出各主题的主题强度。综合主题相似度、新颖度、主题强度,将主题进行分类。NSF 基金项目数据和 WOS 美国论文数据的对比结果如表 7.4 所示:

表 7.4 NSF 基金项目数据和 WOS 美国论文数据主题对比分类

	共同存在主题		非共同存在主题
	主题强度强	主题强度弱	
新颖度高	NSF-5 NSF-6	NSF-0 NSF-1 NSF-3 NSF-4	NSF-8
新颖度低	NSF-2 NSF-7		

根据本书提出的主体类型判定思路,在此对比中:(1)NSF-5、NSF-6 为热点研究前沿主题;(2)NSF-0、NSF-1、NSF-3、NSF-4 为新兴研究前沿主题;(3)NSF-2、NSF-7 为消亡研究前沿主题;(4)NSF-8 为潜在研究前沿主题。

可以看出,热点研究前沿主题、新兴研究前沿主题、消亡研究前沿主题判定结果同 NSF 基金项目数据与 WOS 论文全球数据判定结果一致,各主题详细情况已在前文进行了分析,此处不再做赘述。

一、热点研究前沿主题

对比发现,NSF-5、NSF-6 满足新颖度高且主题强度强的特征,故判定为热点研究前沿主题。

(1)NSF-5 主题指标计算结果如表 7.5 所示:

表 7.5 NSF-5 主题指标

指标	计算结果	排名
主题新颖度	2011.333	6
主题强度	33	3

NSF-5 的 LDA 主题识别结果为 Devic｜Electron｜Sensor｜Perform
｜Commerci｜Transistor｜Sens｜Cost｜Fabric｜Array｜Phase｜System
｜Power｜Busi｜Assembl。其主要研究内容为碳纳米管在电子领域的
应用,如传感器、集成电路、半导体等研究。

（2）NSF-6 主题指标计算结果如表 7.6 所示:

表 7.6　NSF-6 主题指标

指标	计算结果	排名
主题新颖度	2011.233	7
主题强度	43	2

NSF-6 的 LDA 主题识别结果为 Electron｜Devic｜Materi｜Fundament｜Studi｜Physic｜Interact｜Properti｜Measur｜Experi｜Approach
｜Activ｜Electr｜Educ｜Investig。其主要研究内容为碳纳米管在电化
学和电子领域的应用,如碳纳米管的化学性质、燃料电池应用以及传感
器等研究。

二、新兴研究前沿主题

对比发现,NSF-0、NSF-1、NSF-3、NSF-4 满足新颖度高但主题强
度弱的特征,故判定为新兴研究前沿主题。

（1）NSF-0 主题指标计算结果如表 7.7 所示:

表 7.7　NSF-0 主题指标

指标	计算结果	排名
主题新颖度	2012.733	1
主题强度	15	6

NSF-0 的 LDA 主题识别结果为 Surfac｜Catalyst｜Synthesi｜Activ

| Potenti | Involv | Challeng | Growth | Chemistri | Investig | Templat | Function | Separ | Chiral | Scalabl。其主要研究内容为碳纳米管的结构特性,如单壁碳纳米管与多壁碳纳米管的特性、碳纳米管的手性控制、表面吸附原理等研究。

(2)NSF-1 主题指标计算结果如表 7.8 所示:

表 7.8　NSF-1 主题指标

指标	计算结果	排名
主题新颖度	2011.889	2
主题强度	18	4

NSF-1 的 LDA 主题识别结果为 Membran | Water | Separ | Cost | Select | Purif | Industri | Desalin | Transport | Product | Perform | Fuel | Improv | Impact | Energi。其主要研究内容为碳纳米管薄膜,如超薄碳纳米管、超滤膜、海水淡化等研究。

(3)NSF-3 主题指标计算结果如表 7.9 所示:

表 7.9　NSF-3 主题指标

指标	计算结果	排名
主题新颖度	2011.813	3
主题强度	16	5

NSF-3 的 LDA 主题识别结果为 Structur | Electron | Materi | Properti | Synthesi | Growth | Atom | Support | Control | Simul | Chemic | Comput | Chemistri | Optic | Tool。其主要研究内容为碳纳米管的结构特性,如单壁碳纳米管、碳纳米管的结构力学、纳米纤维等研究。

(4)NSF-4 主题指标计算结果如表 7.10 所示:

表 7.10　NSF-4 主题指标

指标	计算结果	排名
主题新颖度	2011.333	5
主题强度	15	7

NSF-4 的 LDA 主题识别结果为 Contamin ｜ Organ ｜ Environment ｜ Nanomateri ｜ Adsorpt ｜ Environ ｜ Behavior ｜ Water ｜ Dynam ｜ Effect ｜ Chemic ｜ Studi ｜ Structur ｜ Interact ｜ Impact。其主要研究内容为碳纳米管在生物学领域的应用,如碳纳米管对细菌细胞的抑制效应、碳纳米管与细胞膜相互作用等研究。

三、消亡研究前沿主题

对比发现,NSF-2、NSF-7、GT10-6 满足新颖度低的特征,故判定为消亡研究前沿主题。

(1)NSF-2 主题指标计算结果如表 7.11 所示:

表 7.11　NSF-2 主题指标

指标	计算结果	排名
主题新颖度	2010.895	8
主题强度	38	2

NSF-2 的 LDA 主题识别结果为 Materi ｜ Structur ｜ Properti ｜ Energi ｜ Polym ｜ Composit ｜ Mechan ｜ Manufactur ｜ Thermal ｜ Contact ｜ Engin ｜ Electr ｜ Fiber ｜ Nanocomposit ｜ Impact。其主要研究内容为碳纳米管材料性能,如碳纳米管的结构、表征、材料强度等研究。

(2)NSF-7 主题指标计算结果如表 7.12 所示:

表 7.12　NSF-7 主题指标

指标	计算结果	排名
主题新颖度	2010.900	8
主题强度	10	8

NSF-7 的 LDA 主题识别结果为 Cell ｜ Field ｜ Coat ｜ Therapi ｜ Tissu ｜ Electr ｜ Actuat ｜ Function ｜ Cancer ｜ Tumor ｜ Impact ｜ Propos ｜ Provid ｜ Effect ｜ Ceram。其主要研究内容为碳纳米管在医学领域的应用,如碳纳米管细胞内电化学、基于碳纳米管的医学疗法等研究。

(3)GT10-6 主题指标计算结果如表 7.13 所示:

表 7.13　GT10-6 主题指标

指标	计算结果	排名
主题新颖度	2010.897	10
主题强度	68	7

GT10-6 的 LDA 主题识别结果为 Graphen ｜ Multiwal ｜ Metal ｜ Chemic ｜ Mechan ｜ Aqueous ｜ Transistor ｜ Select ｜ Structur ｜ Determin ｜ Transpar ｜ Electron ｜ Print ｜ Sensor ｜ Nanomateri。其主要研究内容为石墨烯金属复合材料。

四、潜在研究前沿主题

对比中,GT10-0、GT10-4、GT10-9、NSF-8 满足单一数据源存在,且新颖度高的特征,故判定为潜在研究前沿主题。

(1)GT10-0 主题指标计算结果如表 7.14 所示:

表 7.14　GT10-0 主题指标

指标	计算结果	排名
主题新颖度	2012.462	6
主题强度	65	8

GT10-0 的 LDA 主题识别结果为 Oxygen | Reduct | Nitrogen-Dop | Reaction | Electrocatalyst | High | Activiti | Electrocatalyt | Efficient | Applicat | Multiwal | Role | Synthesi | Function | Dispers。其主要研究内容为氧还原反应,其中碳纳米管主要作为氧还原反应的催化剂。

(2)GT10-4 主题指标计算结果如表 7.15 所示:

表 7.15　GT10-4 主题指标

指标	计算结果	排名
主题新颖度	2012.732	3
主题强度	164	1

GT10-4 的 LDA 主题识别结果为 Batteri | Composit | Electrod | Supercapacitor | High-Perform | Flexibl | Film | Hybrid | Graphen | Lithium-Sulfur | Materi | Cathod | Fiber | Lithium | Stretchabl。其主要研究内容为制备高性能柔性可延展的锂硫电池。碳纳米管在电池中可用来制作复合电极材料、负极活性材料、导电添加剂以及新型锂硫电池用复合导电载体。

(3)GT10-9 主题指标计算结果如表 7.16 所示:

表 7.16　GT10-9 主题指标

指标	计算结果	排名
主题新颖度	2012.103	8
主题强度	39	10

GT10-9 的 LDA 主题识别结果为 Hydrogen ｜ Hybrid ｜ Evolut ｜ Efficient ｜ Water ｜ High ｜ Catalyst ｜ Nanotube-Graphen ｜ Reaction ｜ Electrocatalyst ｜ Stabl ｜ Active ｜ Sorption ｜ fulleren ｜ Molybdenum。其主要研究内容为用于析氢反应的碳纳米管杂化催化剂。

（4）NSF-8 主题指标计算结果如表 7.17 所示：

表 7.17　NSF-8 主题指标

指标	计算结果	排名
主题新颖度	2011.429	4
主题强度	7	9

NSF-8 的 LDA 主题识别结果为 Interconnect ｜ Industri ｜ Design ｜ Educ ｜ Adhes ｜ Architectur ｜ Combin ｜ Input ｜ Microprocessor ｜ Optim ｜ Align ｜ Experi ｜ Brthe ｜ Materi ｜ Address。其主要研究内容为碳纳米管微结构,如碳纳米管表面改性、微细加工等研究。

本章对 2008—2017 年 NSF 基金项目数据与 WOS 论文全球数据、WOS 论文美国数据分别做了对比。通过计算主题相似度,判别各主题在不同数据源中的存在情况。同时,结合不同主题的新颖度、主题强度等外部特征,将主题划分为热点研究前沿主题、新兴研究前沿主题、消亡研究前沿主题、潜在研究前沿主题四种类型,以此探究碳纳米管领域研究现状及未来趋势。

第 八 章
总 结 与 展 望

　　围绕未来新兴研究前沿主题识别这一研究主题,本书首先梳理了科学研究前沿的相关概念,主要识别理论、方法与工具,然后以规划文本数据、基金项目数据和论文数据作为数据源,综合运用自然语言处理技术、文本主题识别技术、复杂网络分析技术、可视化分析技术等,识别出了隐含在不同文本中的研究前沿主题,通过主题相似度计算和未来新兴研究前沿判别模型识别出了热点研究主题、未来新兴研究主题、潜在热点研究主题等不同类型的科学研究前沿主题及其未来发展演化趋势,利用 Sanky Digram 可视化方法对科学研究前沿演化进行可视化分析。

　　碳纳米管研究领域的实验结果表明,本书提出的未来新兴研究前沿主题识别方法可以有效地识别出蕴含在不同类型科技文本中的研究前沿主题及其发展演化脉络,有助于前瞻性地分析研究前沿主题未来发展趋势以及复杂的演化发展过程,能够为科技管理部门在科技创新管理过程中在研究前沿领域大势研判提供有效的决策数据支持,帮助其准确把握科学研究前沿方向,加速科技创新发展,抢占未来科技创新制高点。

　　虽然本书实现了基于 NSF 数据的研究前沿主题识别与演化分析,限于笔者的水平、精力以及客观条件,本书在诸多方面还有待于提高,未来将从以下几个方面进行进一步的研究：

（1）在研究前沿主题识别方法方面，尝试使用条件随机场（CRF）、深度机器学习（Bi-LSTM-CRF）等方法对科技文本数据进行深度语义角色标注，标注出文本中蕴含的研究目的、研究方法、技术水平、实验工具等语义内容。通过语义角色标注可以有效帮助 LDA 主题模型识别研究主题时考虑每个相关词的语义信息，使得主题识别结果更加准确。在对科技规划文本处理时考虑科技文本内容中描述的时间信息和规划目标的映射统一。

（2）在数据源选择上，重点考虑如何选择从宏观规划到具体研究成果，能够客观、全面反映某研究领域过去、现在和未来研究情况的相关科技文献。从数据挖掘视角看，防止数据错入错出（Garbage in Garbage out）。

（3）在主题演化可视化研究中，需要进一步优化可视化过程，构建出前端可视化接口和后台主题识别结果数据库的层级结构，减少人为干预，以使研究前沿主题在时间维度上能够清晰地展示出研究强度、资助力度等不同维度的发展演变趋势。

总之，未来还有许多工作需要研究，希望本书能够为科学研究前沿识别研究提供一种新的思路和视角，为基于数据证据的科技战略情报决策支持发展抛砖引玉。

参 考 文 献

［1］Price D. J., "Networks of Science Papers" *Science*, 1965, 149 (3683):
510-515.

［2］钟镇:《从高被引与零被引论文的引文结构差异看 Research Front 与
Research Frontier 的区别》,《图书情报工作》2015 年第 8 期。

［3］陈世吉:《科学研究前沿探测方法综述》,《现代图书情报技术》2009 年
第 9 期。

［4］"Small H.Co-citation in the scientific literature: A new measure of the rela-
tionship between two documents", *Journal of the American Society for Information
Science*, 1973, 24(4):265-269.

［5］Garfield E., "Research fronts", *Current Contents*, 1994(41):3-7.

［6］中国科学院科技战略咨询研究院、中国科学院文献情报中心、科睿唯
安:《2016 研究前沿及分析解读》,科学出版社 2017 年版。

［7］中国科学院科技战略咨询研究院、中国科学院文献情报中心、科睿唯
安:《2017 研究前沿及分析解读》,科学出版社 2018 年版。

［8］Persson O., "The intellectual base and research fronts of JASIS 1986-
1990", *Journal of the American Society for Information Science*, 1994, 45(1):31-38.

［9］Morris S., Yen G., Wu Zheng, et al., "Timeline visualization of research
fronts", *Journal of American Society for Information Science and Technology*, 2003, 54
(5):413-422.

［10］Garfield E., "Historiographic Mapping of Knowledge Domains Literature",
Journal of Information Science.2004, Vol.30(NO.2):119-145.

［11］K. W. Boyack, R. Klavans, "Co-citation analysis, bibliographic coupling, and direct citation: Which citation approach represents the research front most accurately?" *Journal of the American Society for Information Science and Technology*, 61 (12) (2010), pp.2389-2404.

［12］马海群、吕红:《2000—2009 年〈情报科学〉文献计量学分析与研究》,《情报科学》2011 年第 6 期。

［13］J. Kleinberg, "Bursty and Hierarchical Structure in Streams", Proc. 8th ACM SIGKDD Intl. Conf. on *Knowledge Discovery and Data Mining*, 2002.

［14］Chen C., "CiteSpace II: Detecting and Visualizing Emerging Trends and Transient Patterns in Scientific Literature", *Journal of the American Society for Information Science and Technology*, 2006, 57(3): 359-377.

［15］张龙辉:《大数据时代的专利分析》,《信息系统工程》2014 年第 2 期。

［16］Blei D.M., Ng A.Y., Jordan M.I., "Latent dirichlet allocation", *Journal of Machine Learning Research*, 2003(3): 993-1022.

［17］Blei D.M., Lafferty J., "Dynamic topic models", *Proceedings of the 23rd International Conference on Machine Learning*, New York: ACM, 2006: 113-120.

［18］叶春蕾、冷伏海:《基于概率模型的主题识别方法实证研究》,《情报科学》2013 年第 2 期。

［19］李广建、化柏林:《大数据分析与情报分析关系辨析》,《中国图书馆学报》2014 年第 5 期。

［20］白如江、冷伏海、廖君华:《科学研究前沿探测主要方法比较与发展趋势研究》,《情报理论与实践》2017 年第 5 期。

［21］冯佳、张云秋:《科学前沿探测方法述评》,《图书馆杂志》2017 年第 5 期。

［22］方胜华、刘柏嵩:《2009 年以来国外引文分析研究进展》,《大学图书馆学报》2012 年第 1 期。

［23］宫雪、崔雷:《利用不同类型引文探测研究前沿及比较研究》,《中华医学图书情报杂志》2010 年第 4 期。

［24］王立学、冷伏海：《简论研究前沿及其文献计量识别方法》，《情报理论与实践》2010年第3期。

［25］梁永霞、刘则渊、杨中楷、王贤文：《引文分析领域前沿与演化知识图谱》，《科学学研究》2009年第4期。

［26］侯海燕、刘则渊、栾春娟：《基于知识图谱的国际科学计量学研究前沿计量分析》，《科研管理》2009年第1期。

［27］周文杰、张彤彤、高冲：《共词分析预测研究前沿的表面效度研究：基于自然语言处理》，《高校图书馆工作》2018年第2期。

［28］刘小平、李泽霞：《基于共词分析的量息学前沿热点分析》，《科学观察》2014年第5期。

［29］许晓阳、郑彦宁、赵筱媛、刘志辉：《研究前沿识别方法的研究进展》，《情报理论与实践》2014年第6期。

［30］郝伟霞、滕立、陈悦等：《基于共词分析的中国能源材料领域主题研究》，《情报杂志》2011年第6期。

［31］Kostoff, R. N. Eberhart, H. J. Toothman, D. R. & Pellenbarg, R. , "Database Tomography for technical intelligence：Comparative roadmaps of the research impact assessment literature and the Journal of the American Chemical Society", *Scientiometrics*, 1997, 40(1)：103-138.

［32］Kontostathis A. , Galitsky L. M. , Potter Nger W. M. , et al. *A survey of emerging trend in textual data mining*, Survey of text Mining：Clustering, Classification, and Retrieval, New York：Springer Verlag, 2004：185-224.

［33］程齐凯、王晓光：《一种基于共词网络社区的科研主题演化分析框架》，《图书情报工作》2013年第8期。

［34］朱茂然、王奕磊、高松、王洪伟、张晓鹏：《基于LDA模型的主题演化分析：以情报学文献为例》，《工业大学学报》2018年第7期。

［35］伊惠芳、吴红、马永新、冀方燕：《基于LDA和战略坐标的专利技术主题分析——以石墨烯领域为例》，《情报杂志》2018年第5期。

［36］王丽、邹丽雪、刘细文：《基于LDA主题模型的文献关联分析及可视

化研究》,《数据分析与知识发现》2018 年第 3 期。

[37]王婷婷、韩满、王宇:《LDA 模型的优化及其主题数量选择研究——以科技文献为例》,《数据分析与知识发现》2018 年第 1 期。

[38]邓淑卿、徐健:《我国情报学研究主题内容分析》,《情报科学》2017 年第 11 期。

[39]王效岳、刘自强、白如江、徐路路、陈军营:《基于基金项目数据的研究前沿主题探测方法》,《图书情报工作》2017 年第 13 期。

[40]Huang, Chao; Wang, Qing; Yang, Donghui; Xu, Feifei, "Topic mining of tourist attractions based on a seasonal context aware LDA model", *Intelligent Data Analysis*.2018, Vol.22(No.2) :383-405.

[41]Yang Liu and Songhua Xu, "A local context-aware LDA model for topic modeling in a document network", *Journal of the Association for Information Science and Technology*, 2017, Vol.68(No.6) :1429-1448.

[42]Miha Pavlinek; Vili Podgorelec, "Text classification method based on self-training and LDA topic models", *Expert Systems with Application*, 2017:83-93.

[43]Xiang Qi; Yu Huang; Ziyan Chen; Xiaoyan Liu; Jing Tian; Tinglei Huang; Hongqi Wang, "Burst-LDA: A new topic model for detecting bursty topics from stream text", *Journal of Electronics(China)*, 2014, Vol.31(No.6) :565-575.

[44]MANE K.K., BORNER K., "Mapping topics and topic bursts in PNAS", *Proceedings of the National Academy of Sciences of the United States of America*, 2004,101(Suppl 1) :5287-5290.

[45]马费成、张勤:《国内外知识管理研究热点——基于词频的统计分析》,《情报学报》2006 年第 2 期。

[46]Ritzhaupt A. D., "An investigation of distance education in North American research literature using co-word analysis", *International Review of Research in Open & Distance Learning*, 2010,11(1) :37-60.

[47]邱均平、温芳芳:《近五年来图书情报学研究热点与前沿的可视化分析——基于 13 种高影响力外文源刊的计量研究》,《中国图书馆学报》2011 年

第 2 期。

［48］刘晓波:《我国图书馆学研究热点及趋势——基于关键词共现和词频统计的可视化研究》,《图书情报工作》2012 年第 7 期。

［49］白如江、冷伏海:《k-clique 社区知识创新演化方法研究》,《图书情报工作》2013 年第 17 期。

［50］陈悦、刘泽渊:《科学知识图谱的发展历程》,《科学学研究》2008 年第 3 期。

［51］Chen C. M., " Searching for intellectual turning points: progressive knowledge domain visualization", *Proceedings of the National Academy of Sciences of the United States of America* (PNAS) ,2004(1) :5303−5310.

［52］Rosvall M., Bergstrom C. T., " Mapping change in large networks", PlosOne,2010,5(1) :e8694.

［53］王晓光、程齐凯:《基于 NEViewer 的学科主题演化可视化分析》,《情报学报》2013 年第 9 期。

［54］Cobo M.J., López-Herrera A.G., "Herrera-Viedma E., et al. An approach for detecting, quantifying, and visualizing the evolution of a research field: apractical application to the fuzzy sets theory field", *Journal of Informetrics*, 2011, 5 (1) : 146-166.

［55］Cobo M.J., López-Herrera A.G., Herrera-Viedma E., et al., " SciMAT: a new science mapping analysis software tool", *Journal of the American Society for Information Science and Technology*,2012,63(8) :1609−1630.

［56］Cui W.W., Liu S.X., Li T., et al., "Text flow: towards better understanding of evolving topics in text", *Transactions on Visualization and Computer Graphics*, 2011,17(12).

［57］Gad S., Javed W., Ghani S., et al., "Theme delta: dynamic segmentations overtemporal topic models", *Transactions on Visualization and Computer Graphics*, 2015,21(5) :672−685.

［58］*Sci2Tool*, [2018−06−17], https://sci2. cns. iu.edu /user / index.php.

［59］CiteSpace，［2018－06－19］，http：//cluster. cis. drexel. edu/~cchen/citespace/.

［60］Borgatti S.P. ，Everett M.G. ，Freeman L.C.（2017）UCINET.In：Alhajj R. ，Rokne J.（eds），*Encyclopedia of Social Network Analysis and Mining*.Springer，New York，NY.

［61］Bastian M. ，Heymann S. ，Jacomy M.（2009）.Gephi：an open source software for exploring and manipulating networks.International AAAI Conference on Weblogs and Social Media.

［62］SPSS，［2018－06－19］，https：//www. ibm. com/analytics/spss-statistics-software.

［63］M. J. Cobo，A. G. López-Herrera，E. Herrera-Viedma and F. Herrera，"SciMAT：A new Science Mapping Analysis Software Tool"，*Journal of the American Society for Information Science and Technology*，63：8（2012）1609-1630.

［64］HistCite，［2018－06－19］，http：//interest. science. thomsonreuters. com/forms/HistCite/.

［65］VOSviewer，［2018-06-19］，http：//www.vosviewer.com/.

［66］Börner K. ，Scharnhorst A. ，"Visual conceptualizations and models of science"，*Journal of Informetrics*，2009，3（3）：161-172.

［67］李忠尚、尹怀邦、方美琪、刘大椿等：《软科学大辞典》，辽宁人民出版社1989年版。

［68］王海燕、冷伏海：《英国科技规划制定及组织实施的方法研究和启示》，《科学学研究》2013年第2期。

［69］姚毅、刘玲：《基于技术预见和路线图的科技规划》，《科技管理研究》2010年第11期。

［70］王海燕、冷伏海、吴霞：《日本科技规划管理及相关问题研究》，《科技管理研究》2013年第15期。

［71］王海燕、冷伏海：《支持科技规划优先领域选择的战略情报与服务框架研究》，《图书情报工作》2013年第7期。

［72］郭颖、汪雪锋、朱东华、张嶷、郭俊芳、赵晨晓：《"自顶向下"的科技规划——基于专利数据和技术路线图的新方法》，《科学学研究》2012 年第 3 期。

［73］樊春良：《技术预见和科技规划》，《科研管理》2003 年第 6 期。

［74］KNIME，［2017-03-01］，https：//www.knime.com/.

［75］Stanford Core NLP - Natural language software，［2018 - 03 - 01］，https：//stanfordnlp.github.io/CoreNLP.

［76］David J.，Ketchen，Christopher L.Shook.，"The application of cluster analysis in Strategic Management Research：An analysis and critique"，*Strategic Management Journal*，1996，17（6）：441-458.

［77］National Nanotechnology Initiative，［2018 - 02 - 01］，https：//www.nano.gov/.

［78］Max Bramer BSc，PhD，CEng，FBCS，FIEE，FRSA，*Principles of Data Mining*，MIT Press，2001.

［79］Thorndike R.L.，"Who belongs in the family?" *Psychometrika*，1953，18（4）：267-276.

［80］Bishop C.M.，Tipping M.E.，"A Hierarchical Latent Variable Model for Data Visualization"，*Pattern Analysis & Machine Intelligence*，IEEE Transactions on，1998，20（3）：281-293.

［81］孙吉贵、刘杰、赵连宇：《聚类算法研究》，《软件学报》2008 年第 1 期。

［82］梁循：《数据挖掘算法与应用》，北京大学出版社 2006 年版。

［83］穆瑞辉、付欢：《数据挖掘概念与技术》，机械工业出版社 1990 年版。

［84］段明秀：《层次聚类算法的研究及应用》，中南大学 2009 年版。

［85］NNI Supplement to the President FY 2008 Budget，［2017-07-31］，https：//www.nano.gov/sites/default/files/pub_resource/nni_08budget.pdf.

［86］NNI Supplement to the President's 2009 Budget，［2017 - 07 - 31］，https：//www.nano.gov/sites/default/files/pub_resource/nni_09budget.pdf.

［87］NNI Supplement to the President's 2010 Budget，［2017 - 07 - 31］，https：//www.nano.gov/sites/default/files/pub_resource/nni_2010_budget_supplement.pdf.

　　[88] NNI Supplement to the President's 2011 Budget, [2017 - 07 - 31], https://www.nano.gov/sites/default/files/pub_resource/nni_2011_budget_supplement.pdf.

　　[89] NNI Supplement to the President's 2012 Budget, [2017 - 07 - 31] https://www.nano.gov/sites/default/files/pub_resource/nni_2012_budget_supplement.pdf.

　　[90] NNI Supplement to the President's 2013 Budget, [2017 - 07 - 31], https://www.nano.gov/sites/default/files/pub_resource/nni_2013_budget_supplement.pdf.

　　[91] NNI Supplement to the President's 2014 Budget, [2017 - 07 - 31], https://www.nano.gov/sites/default/files/pub_resource/nni_fy14_budget_supplement.pdf.

　　[92] NNI Supplement to the President's 2015 Budget, [2017 - 07 - 31], https://www.nano.gov/sites/default/files/pub_resource/nni_fy15_budget_supplement.pdf.

　　[93] NNI Supplement to the President's 2016 Budget, [2017 - 07 - 31], https://www.nano.gov/sites/default/files/pub_resource/nni_fy16_budget_supplement.pd.

　　[94] NNI Supplement to the President's 2017 Budget, [2017 - 07 - 31], https://www.nano.gov/sites/default/files/pub_resource/nni_fy17_budget_supplement.pdf.

　　[95]王莉亚:《主题演化研究进展》,《情报探索》2014 年第 4 期。

　　[96] Le Minh-Hoang, Ho Tu-Bao, Nakamori Y., "Detecting emerging trends from scientific corpora", *International Journal of Knowledge and Systems Sciences*, 2005,2(2):63-69.

　　[97]殷蜀梅:《判断新兴研究趋势的技术框架研究》,《图书情报知识》2008 年第 5 期。

［98］包成名、宗乾进、袁勤俭:《技术经济与管理学科研究热点、主题及方法演化——基于信息可视化的学科知识图谱构建》,《信息资源管理学报》2012年第3期。

［99］Tu Yining, Seng Jialang, "Indices of novelty for emerging topic detection", *Journal of Information Processing and Management*, 2012, 48（2）: 303-325.

［100］范云满、马建霞:《基于LDA与新兴主题特征分析的新兴主题探测研究》,《情报学报》2014年第7期。

［101］黄鲁成、唐月强、吴菲菲等:《基于文献多属性测度的新兴主题识别方法研究》,《科学学与科学技术管理》2015年第2期。

［102］游毅、索传军:《国内信息生命周期研究主题与趋势分析——基于关键词共词分析与知识图谱》,《情报理论与实践》2011年第10期。

［103］薛调:《国内图书馆学科知识服务领域演进路径、研究热点与前沿的可视化分析》,《图书情报工作》2012年第15期。

［104］李长玲、刘非凡、魏绪秋:《基于3-mode网络的领域主题演化规律分析》,《情报理论与实践》2014年第12期。

［105］孙静、齐成凯、张雯:《基于NEViewer的医学科研主题演化可视化分析》,《中华医学图书情报杂志》2014年第10期。

［106］祝娜、王芳:《基于主题关联的知识演化路径识别研究——以3D打印领域为例》,《图书情报工作》2016年第5期。

［107］戴维·诺克、杨松:《社会网络分析》,上海人民出版社2012年版。（Knock D, Yang S. Social network analysis, Shanghai: Shanghai people's Publishing House, 2012: 103-104.）

［108］Callon M., Courtial J.P., Laville F., "Co-word analysis as a tool for describing the network of interactions between basic and technological research: the case of polymer chemistry", *Scientometrics*, 1991, 22(1): 155-205.

［109］Palla G., BARABáSI A.L., Vicsek T., "Quantifying social group evolution", *Nature*, 2007, 446(7136): 664-667.

［110］Sankey Diagrams,［2018-06-10］,http://www.sankey-diagrams.com/.

［111］ChiEH.,"Improving Web usability through visualization",*Internet Computing.*2002,6(2):64-71.

［112］Havre S., Hetzler E., Whitney P., et al., "ThemeRiver: visualizing thematic changes in large document collections",*IEEE Transactions on Visualization and Computer Graphics.* 2002,8(1):9-20

［113］张美英:《何杰.时间序列预测模型研究综述》,《数学的实践与认识》2011年第18期。

［114］Iijima,Sumio,"Helical microtubules of graphitic carbon:,*Nature*,354:56-58

［115］Gensim,［2018-06-10］,https://radimrehurek.com/gensim/,Singhal,Amit,"Modern Information Retrieval:A Brief Overview",*Bulletin of the IEEE Computer Society Technical Committee on Data Engineering* ,2001,24(4):35-43.

后　记

本书是在国家社会科学基金一般项目"未来新兴科学研究前沿识别研究"（资助编号：16BTQ083）研究基础上整理而成的。课题立项后课题组精心准备，认真组织，我和我的研究生们夜以继日，广泛调研，深入开展研究。经过3年多的努力，基本完成了当时设定的研究目标和任务，并顺利结题。在研究过程中也避免不了各种曲折坎坷，由于研究能力和时间所限，深知还有许多需要研究的问题没有解决，有些问题还存在争议或者解决得还不够完美，随着研究的深入一度感觉需要解决的问题越来越多，权当抛砖引玉，也期待后续能够弥补前面留下的遗憾。

在成书之际，特别感谢我的硕士研究生刘自强、陈军营、张庆芝、周彦廷、刘博文同学。感谢他们为课题研究和该书形成倾注的大量时间和精力。刘自强、周彦廷同学具有较好的计算机基础，在数据收集、预处理、文本挖掘以及可视化等实证方面进行了大量的工作，并负责了基于规划文本和基金项目数据的研究前沿识别工作，其他同学也不同程度地承担了各种研究工作。硕士毕业后，张庆芝考取了北京大学博士研究生，周彦廷考取了中国人民大学博士研究生，刘自强考取了中国科学院大学博士生，陈军营考取了武汉大学博士研究生，刘博文在研究生期间是山东省研究生会驻会主席，获得"全国优秀共青团员"称号，毕业后留在山东理工大学工作。祝贺他们取得的优异的成绩，希望他们在今后的学习、工作中再接再厉，取得更优秀的成果。

　　衷心感谢在课题研究过程中给予帮助的专家学者,特别是我的博士导师中国科学院科技战略咨询研究院冷伏海研究员。冷老师把我带进研究前沿识别研究领域的大门,他渊博的知识、敏捷的思维、开阔的思路、前瞻的眼光一直指引着我前进的方向,感谢冷老师的指导与帮助!

　　最后,感谢国家哲学社会科学规划办公室提供的资助,感谢人民出版社的大力支持,特别是崔秀军编辑,在该书的校稿排版过程中付出的大量心血。感谢山东理工大学提供的舒适科研环境,感谢山东理工大学各位领导的关心与帮助。感谢我的家人无私帮助和理解。

白 如 江

2021 年 8 月 25 日于淄博

责任编辑：崔秀军
封面设计：汪　阳

图书在版编目（CIP）数据

未来新兴科学研究前沿识别研究/白如江 著. —北京：人民出版社，
　2021.8
ISBN 978－7－01－022744－3

Ⅰ.①未…　Ⅱ.①白…　Ⅲ.①未来学-研究　Ⅳ.①G303

中国版本图书馆 CIP 数据核字（2020）第 241207 号

未来新兴科学研究前沿识别研究
WEILAI XINXING KEXUE YANJIU QIANYAN SHIBIE YANJIU

白如江　著

人 & 出 於 社 出版发行
（100706　北京市东城区隆福寺街 99 号）

环球东方（北京）印务有限公司印刷　新华书店经销

2021 年 8 月第 1 版　2021 年 8 月北京第 1 次印刷
开本：710 毫米×1000 毫米 1/16　印张：18
字数：250 千字

ISBN 978－7－01－022744－3　定价：56.00 元

邮购地址 100706　北京市东城区隆福寺街 99 号
人民东方图书销售中心　电话（010）65250042　65289539